D0921884

Degenhard Sommer
Herbert Stöcher
Lutz Weißer

Ingenieure als Wegbereiter der Architektur

Ove Arup & Partners
Engineering the Built Environment

Prinzipien
Projekte
Erfahrungen

Philosophy
Projects
Experience

Vorwort von Renzo Piano

Foreword by Renzo Piano

Birkhäuser Verlag
Basel · Berlin · Boston

Entstanden in Zusammenarbeit mit dem Institut für Industriebau der Technischen Universität Wien, dem Büro Architekten am Graben, Wien, und PPS, Karlsruhe.

Realised in cooperation with the Institute of Building and Industrial Engineering of the Technical University of Vienna, Architekten am Graben, Vienna, and PPS, Karlsruhe.

Übersetzungen / Translations:
Christian Caryl, Ingrid Taylor, Kirsten Flierdl, Claus Käpplinger

Library of Congress Cataloging-in-Publication Data

Sommer, Degenhard, 1930–
Ove Arup & Partners : engineering the built environment /
Degenhard Sommer, Herbert Stöcher, Lutz Weisser.
ISBN 3-7643-2954-8
ISBN 0-8176-2954-8
1. Ove Arup & Partners. 2. Engineering—Management—Case studies.
3. Environmental engineering—Case studies. I. Stöcher, Herbert.
II. Weisser, Lutz. III. Title. IV. Title: Ingenieure als Wegbereiter der Architektur.
TA217.094s66 1994
720—dc20

Deutsche Bibliothek – CIP-Einheitsaufnahme

Ove Arup and Partners <London u.a.>:
Ove Arup & Partners : engineering the built environment ;
Ingenieure als Wegbereiter der Architektur / Degenhard
Sommer ... [Transl. of German texts into English: Ingrid
Taylor]. – Basel ; Berlin ; Boston : Birkhäuser, 1994
ISBN 3-7643-2954-8 (Basel ...)
ISBN 0-8176-2954-8 (Boston)
NE: Sommer, Degenhard [Mitarb.]; HST

Umschlaggestaltung / Cover Design: Markus Etterich
Printed on acid-free paper produced of chlorine-free pulp
Printed in Italy
ISBN 3-7643-2954-8
ISBN 0-8176-2954-8

9 8 7 6 5 4 3 2 1

Inhalt
Contents

Vorwort von Renzo Piano

Centre Pompidou, Paris, Frankreich, 1977. Wettbewerbsmodell. Architekten Piano & Rogers, Ingenieure (Tragwerk, Geotechnik, Haustechnik, Planung, Brandschutz) Ove Arup & Partners.

Centre Pompidou, Paris, France, 1977. Competition model. Architects Piano & Rogers, engineers (structural, geotechnics, building services, planning and fire safety) Ove Arup & Partners.

Meine enge Verbindung mit Ove Arup & Partners, die seit 24 Jahren andauert, ist von einem intellektuellen und menschlichen Austausch mehr noch als von technischen und beruflichen Gesprächen geprägt. Sie begann mit dem Wettbewerb für das Centre Georges Pompidou, als Sir Ove Arup noch lebte und aktiv war.

Die Ingenieure von Arup waren ideale Partner für mich, eine Stütze in schwierigen Momenten, aber vor allem Gefährten im Abenteuer, loyal, kompetent und entschieden, so war es von Beginn bis zum Ende der Zeit von Beaubourg. Beaubourg war ein Abenteuer, das wir miteinander teilten in großer Solidarität und gegenseitigem Vertrauen; ein sehr solidarisches Team entstand, versiert und bereit, die Komplexität des Projektes zu verteidigen, Lösungen weit entfernt von Kompromissen zu suchen.

Diese ethische Haltung ging direkt aus Oves Charakter und seiner Lehre hervor: Obwohl er zu dieser Zeit schon sehr alt war, nahm er regelmäßig an den Gesprächen teil, und seine Beiträge prägten zutiefst die Menschen, alle sehr jung und erfinderisch, die mit ihm arbeiteten. Während der Bauzeit von Beaubourg entstand eine sehr große Vertrautheit zwischen meinem Team und zweien seiner Ingenieure, Tom Barker und Peter Rice. Mit Peter Rice hatten wir lange Zeit auch ein gemeinsames Büro in Paris und arbeiteten praktisch an allen meinen Projekten zusammen.

Mit Arup waren wir immer darin vereint, das einmal gesetzte Ziel zu verfolgen: Auch in schwierigen Momenten des Gegensatzes zum Bauherrn oder zu den Firmen, mit denen wir uns quasi im Krieg befanden, fühlten wir uns immer als eine Gruppe, der Qualität unserer Arbeit gewiß und fähig, eine Idee kontinuierlich, entschlossen und kompetent voranzutreiben. Unsere Absichten und unsere Vorgehensweisen durchdrangen einander, und bei der gemeinsamen Projektarbeit spürten wir die vollkommene Einheit von logischer Klarheit und poetischer Durchdringung.

Mit ihnen habe ich die Bedeutung des Teams und der Interdisziplinarität begriffen – wenn alle an einem Projekt Beteiligten etwas Gemeinsames schaffen, nebeneinander, ohne Brechungen, ohne Darstellung der unterschiedlichen Kompetenzen des einen über den anderen, ohne Hierarchie, bescheiden, mit ernsthafter Bereitschaft zuzuhören und mit großem Einsatz professioneller Kraft.

Der kreative Prozeß ist immer zirkulär, er geht von der Architektur zur Wissenschaft, zur Kunst, zur Gesellschaft. Architektur ist viel mehr ist als nur Bauen, und die „Kunst des Machens" ist viel mehr als nur Technologie, sie birgt ein ganzes Konzept. Ich kann kaum eine Trennung zwischen Gestalt, Funktion, Konstruktion, Technologie, technischer Ausrüstung und Wissenschaft erkennen; zwischen Wissenschaft und Kunst kann es keinerlei Schranke geben, sie sprechen dieselbe Sprache und fordern die gleiche Energie.

In meinem und Arups humanistischem Ansatz läßt sich nicht sagen, wo der Humanismus beginnt und die Wissenschaft aufhört, wir vermischen das. Wenn wir einen Entwurf machen, geschieht es deshalb immer zusammen mit dem Arup-Ingenieur, und wann immer wir nicht nur davon sprechen, wie man etwas macht, sondern warum man es macht, fühle ich mich wieder zu Hause; wir folgen derselben Spur.

Bei der Arbeit mit Arup konnte man sich immer ein klein wenig als „Homo faber" fühlen: der Mensch als der Schöpfer der Dinge; denn man fühlte sich natürlich eingetaucht in eine schöpferische Atmosphäre, gastfreundlich, begeistert, intensiv. Man spürte, was für ein phantastisches Abenteuer des Menschen das Bauen sein kann, wie sehr der Forschertrieb und die Entdeckungsfreude zu unserer Natur gehört, wie süß die Gabe der Kreativität ist und wie schmerzvoll der Fluch, an neue Grenzen zu stoßen.

Für mich ist dies vor allem mit Peter Rice so gewesen, meinem guten Freund und Partner so vieler außerordentlicher Entwurfsabenteuer. Wir arbeiteten zusammen an Projekten, im Wechsel von Diskussionen, Ruhepausen, Zusammenkünften und Abwesenheiten des einen und des anderen, in einer Atmosphäre des Friedens und der Konzentration. Dann, unerwartet und unerkannt, kam lautlos die Lösung auf unsere Befragungen, und der Entwurf nahm die richtige Richtung. Während unserer Treffen diskutierten wir die im engeren Sinne technischen oder praktischen Fragen der Konstruktion und der Technologie und kamen darüber auf die viel umfassenderen Fragen zu sprechen, über die Kultur im allgemeinen oder über die Suche nach der Bedeutung der Dinge oder über die unmögliche Harmonie. Peter war ein Mann der Wissenschaft und ein großer Humanist, im Wortsinne der Renaissance. Er hätte niemals die Banalität oder die schnellste Lösung für ein Problem akzeptiert; und ich habe von ihm gelernt, niemals zufrieden zu sein. Peter sagte immer: „Genius is a great patience".

Heute, da Peter nicht mehr da ist, wünsche ich mir, daß auch in Zukunft meine Zusammenarbeit mit Arup sich auf jene Prinzipien stützt, die ich als grundlegend für Arups Ethik ansehe: die Fähigkeit, zuweilen dem Geschäft zuwider zu

Foreword by Renzo Piano

My close relationship with Ove Arup & Partners, now in its twenty-fourth year, owes even more to intellectual and human exchange than to technical and professional discussions. It began with the competition for the Centre Georges Pompidou, when Sir Ove Arup was still alive and active.

The Arups engineers were ideal partners for me; they offered support in difficult moments, but they were above all my companions in adventure, loyal, competent and decisive – from the beginning of the Beaubourg period to the end. Beaubourg was an adventure that we shared with each other in a spirit of great solidarity and mutual trust. A close-knit team was born, well-versed and ready to defend the complexity of the project, to seek solutions far-removed from compromise.

This ethical attitude was a direct consequence of Ove's character and convictions. Although already well on in years, he took part regularly in all conversations, and the contributions he made deeply affected the people, all very young and ingenious, who worked with him.

During the construction of Beaubourg, a great spirit of familiarity grew up between my team and two of his engineers, Tom Barker and Peter Rice. We were partners with Peter Rice in Paris for many years, collaborating on virtually all my projects.

With Arups we were always united in our pursuit of the set objective: even in difficult times of conflict with clients or with the construction companies with whom we were virtually in a state of war, we always felt ourselves to be part of a group that was convinced of the quality of its work and capable of pursuing an idea consistently, decisively and professionally. Our intentions and methodology often penetrated each other, and working with them on a project we sensed a perfect integration between logical clarity and poetical conception.

With them I understood the importance of the team and of interdisciplinarity: when all those involved in a project create something together, in parallel, without breakdowns and without experiencing any of the various specialties as superior to others, collaboration without hierarchy and with modesty, in the sincere ability to listen, and with a great commitment of professional energy.

The creative process is always circular, and moves from architecture to science, to art, to society. Architecture is much more than just construction, and the "art of making" is much more than just technology, it is an entire concept. I can hardly see a separation between shape, function, structure, technology, technical equipment and science; between science and art there cannot be a barrier; they speak the same language and require the same energy.

In the humanistic approach that Arups and I share, you cannot tell where humanism starts and science stops; we mix everything together. So drawing up a plan also took place together with Arups' engineers, and every time we not only talked about how to do things, but why to do them, I found myself at home again. I knew we were following the same lead.

Working with Arups' people one could always feel at least a bit like "homo faber": man the maker of things, because one felt naturally immersed in a creative multidisciplinary atmosphere, convivial, of great fervor and interchange. One could see what a fantastic human adventure building can be, how much the instinct for exploration and the pleasure of discovery belong to our nature, how sweet the gift of creativity is, and how painful the curse of encountering new frontiers.

For me this was all particularly true with Peter Rice, my good friend and partner in so many exceptional design adventures.

We worked together on projects, alternating in our discussions, silences, presences and absences of the one and the other, in an atmosphere of peace and concentration. Then, unexpected and unrecognised, the solution to our inquiries quietly arrived and the plan assumed its proper course. During our meetings we discussed the narrower technical questions, questions of practice, design, and technology and then came to speak of problems much more far-reaching: about culture in general, about the search for the meaning of things, about the impossibility of harmony. Peter was a man of science and a great humanist, in the renaissance sense of the word. He never accepted the banal solution or the quick fix; and it was from him that I learned never to be satisfied. Peter always said: "Genius is great patience."

Today, now that Peter is no longer with us, my wish is that my future cooperation with Arups will also be based on those principles that I see as fundamental to the ethics of the company: the capacity to go against business at times, and the ability, the craft of putting together the work of the mind with the work of the hand as part of a humanistic approach. This is the only identity that a European-born

handeln, und die Fähigkeit, die Kunst, Kopfarbeit und Handarbeit in einem humanistischen Konzept zu vereinen. Das ist die einzige Identität, die ein im Ursprung europäisches Unternehmen ausstrahlen kann. Der Humanismus gehört in Europa zum alltäglichen Leben, und dies ist das wichtigste Erbe, das wir besitzen. Ich hoffe, daß Arup weder seine Moral noch seinen gesunden Verstand, den Forschergeist, eine Art Handwerklichkeit, seine Abenteuerlust und den Sinn für das Unbekannte verlieren wird.

Arup liefert nicht nur sozusagen abgesicherte Information, sondern auch Forschung. Ich will sie dazu drängen, ihren Beitrag mit Leidenschaft zu bringen, nicht einfach geradlinig und rational. Ich will sie emotionaler haben. In gewisser Weise ist das meine Aufgabe, und sie erwarten es von mir.

Unser beider Kompetenz stammt aus derselben Ursache: Wir haben Erfahrung und wir bewahren sie, wir halten sie im Büro, in großen Archiven, wir sind wie eine lebende Bibliothek. Für sie wie für mich ist Stil gesammelte Erfahrung. Unsere und Arups Kompetenz wurzelt hier, im Sammeln von Informationen und im Bewahren unseres Gedächtnisses und unserer Identität.

company can convey. Humanism in Europe still belongs today to everyday life, and this is the most important heritage that we have. I hope that Arups will never lose their ethic or their practical sense of research, their hands-on attitude to problems, their lust for adventure and their sense of the unknown.

Arups is not only a company providing, should I say, consolidated information, but also research, and I want to push them to provide a service that is passionate, not just straightforward and rational. I want them to be emotional. In a sense this is my job, and what they expect from me.

Arups' competence comes from the same source as ours: we have experience and we do not disperse it. We keep it in the office, in big archives; we are like a living library. For them and for myself, style is an accumulation of experience. This is where we and Arups derive our competence: from accumulating information and never dispersing our memory and our identity.

Einleitung

Seit vielen Jahren verfolgen wir die Arbeit von Ove Arup & Partners und bewundern die oft sehr hohe Qualität ihrer Projekte. Dabei entstand die Frage, wie es immer wieder gelingt, in der mittlerweile dritten bis vierten Generation von Ingenieuren und Planern einen hohen Standard bei den unterschiedlichsten Ingenieurleistungen in Baukonstruktion und Gebäudetechnik, Tiefbau und Industriebau zu halten, zumal diese in Zusammenarbeit mit Architektenpersönlichkeiten erbracht werden, die ganz unterschiedliche Auffassungen vom Bauen vertreten.

Arbeitet hier eine Elite von Ingenieuren, gibt es besondere Formen der Zusammenarbeit? Was zeichnet die Ergebnisse aus? Wie bleibt man wettbewerbsfähig? Fragen, denen wir in diesem Buch nachgehen wollen.

Wir, das Institut für Industriebau an der Technischen Universität Wien, arbeiten seit vielen Jahren an den Fragen interdisziplinärer-integrativer Planung, an einer ganzheitlichen Betrachtungsweise, wie es im Industriebau notwendig ist. Architekten, Bauingenieure, Maschinenbauer, Ökologen, Ökonomen mit eigenen fachlichen und persönlichen Qualitäten zu einer Gruppe zusammenzuführen, das ist dabei die Aufgabe. Bewußt haben wir uns bemüht, diesen Ansatz in der Ausbildung, aber auch in internationalen Seminaren zu verbreiten und zu fördern.

Unsere theoretischen Überlegungen, die uns auch bei dieser Studie über Ove Arup & Partners leiteten, könnte man grob wie folgt zusammenfassen:

Die pluralistische Gesellschaft bewegt sich ständig zwischen den Polen Freiheit und Ordnung; sie ist, anders formuliert, freiheitlich restriktiv oder geordnet chaotisch. Auch eine solche Gesellschaft zeigt anscheinend ein normatives Verhalten, das in erheblichem Maße von gemeinsamen Wertvorstellungen geprägt ist. Im wesentlichen zeichnet sie sich durch ständige Beweglichkeit aus, stellt uns immer wieder vor neue Gegebenheiten, die sowohl positive Möglichkeiten als auch Gefährdung bedeuten können. Dies verlangt von jenen, die Pläne für die Zukunft erarbeiten, ständig Entscheidungen zwischen Alternativen zu treffen.

Während wir Planer und insbesondere die technischen Disziplinen lange davon ausgingen, daß nur über rationales Denken – einem eher analytischen Ansatz, bei dem wissenschaftliche Erkenntnisse als einzig annehmbare Art von Wissen angesehen werden – dieses Ziel zu erreichen ist, wird bei ganzheitlicher Betrachtungsweise auch über intuitives Wissen und Erfahrungswissen, mittels einer verbesserten Integrationsfähigkeit, einer besseren Aufnahme- und Kooperationsbereitschaft der Mitarbeiter, ein unserer Gesellschaft konformer Ansatz gesucht. Wir fanden dabei einige Verhaltensweisen für Planer, die erstrebenswert wären:

- Eine lebenslange Lernbereitschaft und Lernfähigkeit der Beteiligten.
- Die Bereitschaft und Fähigkeit zu gesellschaftspolitischer Mitverantwortung.
- Die universale Zusammenarbeit.
- Eine gewisse Solidarität unter den Partnern.
- Toleranz gegenüber anderen Ideen.
- Mitverantwortung in einer Gruppe in dem Sinne, daß die Ansichten über das Wünschenswerte, über die zu bevorzugenden Handlungen sich einander annähern.
- Die immer neue Herausforderung der moralischen Wachheit, mit der Wertsetzungen und Entscheidungen vorgenommen und Abgrenzungen von Wünschenswertem und nicht Wünschenswertem bestimmt werden.

Wesentlich ist, daß diese Wertungen nicht nur theoretisch empfohlen, sondern auch faktisch praktiziert werden, und zwar von der entscheidenden Mehrheit der Mitglieder eines Sozialgebildes, einer Planungsgruppe, einer Firma, so daß jeder darauf rechnen kann, daß sein eigenes Verhalten von seinen Mitmenschen als angemessen anerkannt wird, und daß er unter bestimmten Umständen das gleiche Verhalten von ihnen erwarten kann.

Kann man solches Wissen, solche Erfahrung in Leistung für die Gesellschaft umsetzen, kann es wirtschaftlich zu einer gesunden Produktivität der Planungsressourcen führen? Wir glauben ja! Produktiv ist dann ein Spezialwissen – möglichst befreit von beeinträchtigenden Nebentätigkeiten –, das mit den Kenntnissen anderer Spezialisten verbunden wird. Deshalb sind Experten auf Organisationen angewiesen, in denen ihr Know-how optimal kommuniziert und umgesetzt wird. In diesen modernen Organisationen sind alle gleichgestellt, sind Kollegen oder Partner; Wissen kennt keine Ränge.

Dies ist der Hintergrund, vor dem dieses Buch über Ove Arup & Partners entstanden ist. Wir wollen zeigen, welchen Prinzipien und Modellen man hier zu folgen sucht und vor allem, wie sie sich in der täglichen Arbeit und den gebauten Leistungen niederschlagen. Aus Gesprächen mit Mitarbeitern, leitenden Persönlichkeiten, Auftraggebern und Architekten, und aus der Analyse ausgewählter Projekte, soll eine Momentaufnahme entstehen, die Arup bei der Arbeit am

Ove Arup 1938 (rechts, mit Cyril Mardall und Henry Crowe im Colquhoun House).

Ove Arup in 1938 (right, with Cyril Mardall and Henry Crowe at Colquhoun House.)

The authors of this book have been interested in Ove Arup & Partners for many years. We have long been impressed by the consistently high quality of their projects, and at some point we found ourselves asking a simple question: how does this practice, working now with its third and fourth generations of engineers and designers, manage to maintain its high standards in such a variety of civil, industrial and building engineering work, and in collaboration with architects with such a wide range of building concepts?

Do Arups represent an engineering elite? How have they solved the problems of collaboration with such success? What distinguishes their results? How does the Partnership remain competitive? These are the questions we shall be examining in the course of this book.

The authors teach at the Institute of Building and Industrial Engineering of the Technical University of Vienna, and we have spent recent years studying issues of interdisciplinary and integrative planning – an approach urgently needed in the field of industrial construction. Our objective has been to achieve close cooperation between architects, structural engineers, mechanical engineers, ecologists and economists while drawing the maximum benefit from their technical skills and personal qualities. We have continuously tried to disseminate our views in training programmes and international seminars.

The theoretical basis of this study of Ove Arup & Partners can be summed up as follows:

Our pluralistic society is constantly oscillating between freedom and restraint – or, to put it differently, between liberal restraint and orderly chaos. The members of this society act according to certain normative restrictions based on a set of commonly accepted values. Such a society is always in motion. Its members are constantly confronted with new facts. Those involved in planning for the future are always compelled to take decisions in the face of various alternatives.

Planners, especially those in the technical disciplines, have long tried to solve problems by rational thinking – a strategy based on an analytical and technical interpretation of knowledge. Present-day society calls for a more comprehensive approach, a combination of intuition and experience, with a strong sense of integration, open-mindedness and cooperation between the members of the planning team. The ideal engineer would therefore combine the following characteristics:

- A lifelong willingness and ability to learn;
- Willingness and ability to assume social and political responsibility;
- A spirit of cooperation in all areas of the design effort;
- Good teamwork;
- Tolerance toward the ideas of others;
- The ability to share responsibility within a group, allowing the development of different opinions;
- A moral sensibility that can contribute to the ethically balanced assessment of values, decision-making and definition of the goals to be pursued.

But these qualities are meaningless if they are restricted to the realm of theory. They must be converted into practice – through consensus and the active support of the majority of the members of a social community, a project team, a company. In this way, all can be sure that their personal behaviour will be accepted by the others and that they in turn can expect a similar response under the same circumstances.

Can such knowledge and experience be put into practice for the good of society? Can this be done by efficient use of planning resources? These aims can indeed be achieved. Technical knowledge – freed, wherever possible, from incidental distractions – can achieve maximum productivity in collaboration with other specialists. All can benefit from sharing and combining technical know-how within a supportive organisational environment. All can contribute evenly to the overall corporate culture. True knowledge recognises no hierarchies.

This is the background for our book on Ove Arup and the practice he founded. We intend to investigate their philosophy and their ideals as well as the repercussions these have on the firm's day-to-day work and the projects that result. Interviews with staff members, managers, clients, architects and contractors, along with analysis of selected projects, will provide the reader with a portrait of the Partnership at the beginning of the 1990s. While the focus is on Ove Arup & Partners, much of what is described here also applies to their offices outside Britain, such as Arup GmbH in Germany, and to the associated architectural-engineering practice Arup Associates.

The portrait is necessarily limited, for there was not enough room to cover all aspects. We pay only brief attention, for example, to the building projects of former decades that laid the foundation for Arups' reputation, especially in

Anfang der 90er Jahre zeigt. Im Mittelpunkt unserer Recherchen standen Ove Arup & Partners, aber vieles gilt auch für ihre Büros außerhalb von Großbritannien, wie beispielsweise Arup GmbH in Deutschland, und für das assoziierte Architektur- und Ingenieurbüro Arup Associates.

Manches kann und soll hier nicht geleistet werden: Nur am Rande soll an die Hochbauten der letzten Jahrzehnte erinnert werden, die Arups Ruf besonders bei Architekten begründeten; statt dessen wollen wir einen Querschnitt durch das gesamte Spektrum der Ingenieuraufgaben legen. Die Tausenden von Projekten, die Entwicklung der Firma und die Beiträge all ihrer Mitarbeiter und Bereiche können nur angedeutet werden; immerhin versucht die ausgewählte Chronologie und Projektliste im Anhang einen Überblick zu geben. Und schließlich werden im Mittelpunkt die besonderen Charakteristika von Arups Arbeit stehen – vieles Selbstverständliche, das sich in allen Ingenieurbüros findet, wird unausgesprochen bleiben. Das Ergebnis wird, so hoffen wir, letztlich auch einen Beitrag zur Verbesserung der allgemeinen Planungs- und damit Baukultur leisten.

Allen Beteiligten bei Arup möchten wir für Ihre Bereitschaft zur Mitarbeit an diesem Buch danken, insbesondere Jørgen Nissen und Patrick Morreau für ihre ebenso geduldigen wie kritischen Kommentare und Pauline Shirley und ihren Mitarbeitern im Fotoarchiv.

conjunction with leading architects. Our aim is to provide a cross-section of the whole range of the firm's engineering work. The thousands of its projects, the history of its development and the contributions of all its members and disciplines can each be touched upon only briefly. A selective chronology and list of projects is given in the appendix. We have tended to omit aspects that can be taken for granted in an engineering practice of this kind. We hope that this book will make a significant contribution to the general culture of design and engineering.

We would like to thank all Arup members who contributed to this book, particularly Jørgen Nissen and Patrick Morreau for their patience and their critical comments and Pauline Shirley and her staff in the Photo Library.

Das Modell

Busbahnhof, Dublin, Irland, 1951, Architekt Michael Scott, Tragwerksingenieure Ove Arup & Partners.

Dublin Bus Station, Ireland, 1951, architect Michael Scott, structural engineers Ove Arup & Partners.

Ove Arup & Partners sind heute ein Ingenieurbüro mit etwa 4000 Mitarbeitern. Zum größeren Teil im United Kingdom beheimatet, arbeiten sie in mehr als 50 Büros in etwa 40 Ländern auf fast allen Tätigkeitsfeldern, die mit dem Bauen zusammenhängen. Es gibt sicher eine ganze Reihe Büros dieser Größenordnung oder auch größere, die wie gut geölte Maschinen arbeiten, deren Name der Öffentlichkeit aber kaum ins Bewußtsein tritt. Der Name Arup jedoch verbindet sich seit Gründung des Büros im Jahr 1946 mit Bauvorhaben, die in die Geschichte der Architektur eingegangen sind oder die sogar zu Wahrzeichen der Städte wurden – in den fünfziger Jahren Michael Scotts Busstation in Dublin oder die Hunstanton-Schule der Smithsons, in den Sechzigern und Siebzigern die Oper in Sydney, das Centre Pompidou in Paris: so begründeten spektakuläre Bauten früh den internationalen Ruf des Ingenieurbüros.

Gegründet wurde die Firma von dem Dänen Ove Arup. Er hatte während des Ersten Weltkrieges Philosophie studiert, sich dann dem Bauingenieurstudium gewidmet und seinen Hang zum Analysieren, Konstruieren und Bauen, insbesondere mit Stahlbeton, entdeckt. Seinen ersten Arbeitsplatz als Zeichner hatte er im Hamburger Büro der dänischen Firma Christiani & Nielson; prägend wurde vor allem, daß er als kontinentaleuropäischer Ingenieur die häufig anzutreffende angelsächsische Trennung zwischen Denken und Tun nicht kannte. Er war vielseitig interessiert, liebte Bach, komponierte selbst, sprach drei Sprachen, diskutierte in Kreisen der modernen Architektur, und er versuchte seine Arbeiten immer wieder im Zusammenhang mit ihrer Umgebung zu sehen und zu begreifen, was sie für die Menschen bedeuteten.

Für das 1949 in Ove Arup & Partners, Beratende Ingenieure, umgewandelte Büro wurde er ein *spiritus rector*, der es verstand, sich mit den Besten seiner Zunft zu umgeben und eine Organisationsform zu finden, die die kreativen Geister unter den Ingenieuren anzog und hielt. Seine Überlegungen zur Zusammenarbeit zwischen Ingenieur und Architekt, die sich schon in seinen ersten Aufsätzen aus den zwanziger Jahren finden, wurden nun zunehmend wichtiger. 1970, nach der Expansion auf über tausend Mitarbeiter, formulierte Ove Arup die Ziele für sein Unternehmen in einer Ansprache, einer *key speech*, in der sich die Firma bis heute wiedererkennt. Einige Gedanken aus den eröffnenden Passagen seien hier wiedergegeben:

„Man kann die Arbeit, mit der man sein Leben bestreitet, auf zweierlei Weise verstehen. Die eine hat Henry Ford dargelegt: Arbeit ist ein notwendiges Übel, aber die moderne Technologie wird das auf ein Mindestmaß reduzieren; dein Leben ist deine Muße, die du in deiner Freizeit lebst. Die andere Haltung ist: Du machst deine Arbeit interessant und lohnenswert, du genießt sowohl deine Arbeit als auch deine Freizeit. Wir haben uns ohne Kompromiß für diesen zweiten Weg entschieden. Es gibt auch zwei Arten, das Streben nach einem geglückten Leben zu betreiben: Die eine heißt, direkt und schrankenlos darauf los zu marschieren, ohne an jemanden zu denken als an sich selbst. Die andere heißt anzuerkennen, daß niemand eine Insel ist, daß das Leben eng mit unseren Mitmenschen verbunden ist und daß kein wahres Glück in der Einsamkeit liegen kann. Dann wird man den anderen dieselben Rechte zuerkennen, die man für sich selbst in Anspruch nimmt, und gewisse moralische und menschliche Schranken anerkennen. Wieder haben wir uns für den zweiten Weg entschieden. … Unsere Arbeit soll interessant und bereichernd sein. Nur wenn wir unser Bestes geben, und beste Arbeit leisten, wird das so sein. Aus diesem Grund müssen wir nach Qualität streben und dürfen uns nie mit Zweitklassigem zufrieden geben. Qualität kann vieles bedeuten. Als Tragwerksingenieure müssen wir die Anforderungen für ein gesundes, dauerhaftes und wirtschaftliches Gebäude erfüllen. Aber daneben soll es auch ästhetisches Gefallen wecken, denn ohne diese Qualität schafft es keine Zufriedenheit. Zudem ist das Tragwerk immer ein Teil einer größeren Einheit, und es muß für den Bauingenieur unbefriedigend bleiben, nach Qualität nur in einem Teil zu streben, wenn das Ganze gesichtslos bleibt (es sei denn, das Tragwerk ist groß genug, selbst ästhetische Wirkung zu zeigen). Das führt uns zu dem Wunsch nach umfassender Qualität, Funktionalität, befriedigenden und bedeutenden Formen, wirtschaftlicher Ausführung, Harmonie mit der Umgebung und der Gesamtplanung. Und weiter führt es uns zur Idee einer 'Gesamtarchitektur', die wir mit anderen Firmen oder, besser noch, die wir selbst erreichen. Also dehnen wir unsere Tätigkeit auf benachbarte Gebiete aus – Architektur, Planung, Bodenbearbeitung, Umwelttechnik, Computerprogramme, Planung und Abwicklung der Bauausführung. …

Das zweite Prinzip, die human betonte Einstellung, soll eine Organisation schaffen, die trotz ihrer Größe und Effizienz menschlich freundlich ist. …

Das dritte Ziel ist Wohlstand für alle Mitglieder unserer

Philosophy and Company Structure

Realschule in Hunstanton, Norfolk, England, 1954, Architekten Peter und Alison Smithson, Tragwerksingenieure Ove Arup & Partners.

Hunstanton Secondary Modern School, Norfolk, England, 1954, architects Peter and Alison Smithson, structural engineers Ove Arup & Partners.

At the beginning of the 1990s Ove Arup & Partners had more than 50 offices in about 40 countries across the world. Approximately 4,000 staff members provide services across the full range of engineering disciplines. No doubt there are similar – or even bigger – companies which provide comparable services, and yet their names do not seem to be quite as well-known. Since the company was founded in 1946, the name of Ove Arup & Partners has been linked with engineering projects which have gone down in the history of building. Some have become symbols of modern cities. This applies to early Arup projects such as the Dublin Bus Station designed by Michael Scott in the 1950s, the Hunstanton School by Peter and Alison Smithson, and the Sydney Opera House and the Centre Pompidou in Paris, which go back to the 1960s and 1970s. From the very beginning, great buildings became a source of the Partnership's international reputation.

The practice was founded by the Danish engineer Ove Arup. During the First World War, Arup studied philosophy before later moving on to engineering, which led him to discover his strong inclination towards analysis, design and construction – particularly using his favourite material, reinforced concrete. His first employer was the Hamburg office of the Danish company Christiani & Nielson, where he worked as a designer. Being a European and living on the Continent meant that Ove Arup was not, like so many of the English, taught to distinguish between intellectual and practical activities. His interests were varied; he loved Bach, composed music, spoke three languages fluently and took an active part in the discussion of modern architectural developments. He always viewed his projects in relation to their environment and the effects they had on people.

Ove Arup later became the *spiritus rector* of his office, which, in 1949, was renamed Ove Arup & Partners, Consulting Engineers. He surrounded himself with the best engineers and organised his office so that it attracted the creative spirits of his profession. His ideas on collaboration between engineers and architects, dating back to his first essays from the 1920s, took on increasing significance. To this day, the Partnership seeks to follow the ideals outlined by Ove Arup in 1970, when the practice had reached over 1,000 employees. The Key Speech that Ove Arup made on that occasion contained the following observations:

"There are two ways of looking at the work you do to earn a living: One is the way propounded by the late Henry Ford: Work is a necessary evil, but modern technology will reduce it to a minimum. Your life is your leisure lived in your 'free' time. The other is: To make your work interesting and rewarding. You enjoy both your work and your leisure. We opt uncompromisingly for the second way. There are also two ways of looking at the pursuit of happiness: One is to go straight for the things you fancy without restraints, that is, without considering anybody else besides yourself. The other is to recognise that no man is an island, that our lives are inextricably mixed up with those of our fellow human beings and that there can be no real happiness in isolation. Which leads to an attitude which would accord to others the rights claimed for oneself, which would accept certain moral or humanitarian restraints. We, again, opt for the second way. ... Our work should be interesting and rewarding. Only a job done well, as well as we can do it – and as well as it can be done – is that. We must therefore strive for quality in what we do and never be satisfied with the second-rate. There are many kinds of quality. In our work as structural engineers we had – and have – to satisfy the criteria for a sound, lasting and economical structure. We add to that the claim that it should be pleasing aesthetically, for without that quality it doesn't really give satisfaction to us or to others. And then we come up against the fact that a structure is generally a part of a larger unit, and we are frustrated because to strive for quality in only a part is almost useless if the whole is undistinguished, unless the structure is large enough to make an impact on its own. We are led to seek overall quality, fitness for purpose, as well as satisfying or significant forms and economy of construction. To this must be added harmony with the surroundings and the overall plan. We are then led to the ideal of 'Total Architecture' in collaboration with other like-minded firms or, still better, on our own. This means expanding our field of activity into adjoining fields – architecture, planning, ground engineering, environmental engineering, computer programming, etc. and the planning and organisation of the work on site. ...

The other general principle, the humanitarian attitude, leads to the creation of an organisation which is human and friendly in spite of being large and efficient. ...

There is a third aim besides the search for quality of work and the right human relationships, namely prosperity for all our members. ... It would be wrong to look at it as our main

Opernhaus Sydney, Australien, 1973, Architekten Jørn Utzon, Hall Todd & Littlemore, Tragwerksingenieure Ove Arup & Partners.

Sydney Opera House, Australia, 1973, architects Jørn Utzon, Hall Todd & Littlemore, structural engineers Ove Arup & Partners.

Gruppe. ... Es wäre falsch, dies als unser wichtigstes Ziel anzusehen. Eher ist es eine wesentliche Voraussetzung dafür, überhaupt auch nur Teile all unserer Ziele erreichen zu können. ..."[1]

Was ist nun aus diesen Grundgedanken in der Firma Ove Arup & Partners 1993 geworden, und was bedeuten sie für die Arbeit des Ingenieurs?

Der Ingenieur: Selbstverständnis und Erwartungen

Der Ingenieur als eigenständiges Berufsbild hat sich erst relativ spät entwickelt; seit der Antike waren der Architekt und der Ingenieur, der Planer und der Ingenieur, meist sogar noch der Ausführende und der Ingenieur, ein und dieselbe Person. Man denke auch an die große britische Tradition der Ingenieure, die mit der industriellen Revolution gewaltige Veränderungen durch ihre Eisenbahnlinien inklusive aller notwendigen Brücken über die Landschaft brachten. Der Bruch mit dieser Tradition liegt nicht lange zurück, und Arups Ziel ist es, einer ähnlichen Einheit auf der Höhe der heutigen Bedingungen wieder nahezukommen.

Erst die Isolation der Aufgaben setzte die Ingenieurleistung gleich mit einfallslosen, langweiligen, auf harte Fakten reduzierten Lösungen. Das Imaginative, das Entwerfen, das kreativ-spielerische Arbeiten wird heute dem Ingenieur häufig abgesprochen. Jack Zunz, einer der Partner von Arup, beschreibt das Dilemma: „Versuchen Sie einmal herauszufinden, wer die Concorde entworfen hat! ... Unsere Welt wird allgemein als die Schöpfung von Architekten, Planern, Aufsichtsbeamten oder Bauunternehmern wahrgenommen, während zugleich unsere Industrie unter der Kontrolle von Managern steht; sie stellen Menschen mit verschiedenen Fähigkeiten an, darunter natürlich auch Techniker und last und meistens least auch entwerfende Ingenieure. Dieses drastische, karikaturhafte Bild mag zeigen, welcher semantische und konzeptionelle Dunst heute über der Ingenieurswelt liegt."[2]

Ursachen für diesen Zustand hat Peter Rice zu fassen versucht: „In unserer von den Medien dominierten Gesellschaft geht es um das Bild, das Image, nicht um den Inhalt. ... Das Problem ist, daß in der einfachen Welt, die die Medien sich machen, die Rolle des Imagemachers anderen zugeteilt ist, den Designern bei Industrieprodukten wie Autos, den Architekten bei den Monumenten unserer gebauten Welt."[3] Der Blick der Kritiker wirke auch in die gleiche Richtung, und vieles von der Arbeit des Ingenieurs würde insgesamt einfach nicht wahrgenommen, weil es nicht bildhaft eingängig, nicht fotografierbar sei.

Unter solchen Umständen erstaunt es nicht, daß manche Architekten ihre Ingenieure ausschließlich als Techniker betrachten. Richard Rogers z.B. bedauert es, daß oft keine Analyse der Probleme stattfindet, sondern rein formalistische Lösungen angeboten werden. Umgekehrt sind Ingenieure häufig zwar fachlich hochqualifiziert, bekommen aber wenig Übung darin, ihre Ideen und ihr Selbstverständnis anderen mitzuteilen. Gerade das ist nicht nur sachlich, sondern auch psychologisch eine wichtige Voraussetzung für die erfolgreiche Zusammenarbeit, denn, so Peter Rice, Ingenieure „müssen analysieren, wie ein Bauteil sich unter den unterschiedlichen Nutzungsbedingungen verhalten wird. Diese Verantwortung macht die Ingenieure konservativ und abweisend gegen jene, die sich nicht entsprechend verhalten, die nicht die Schwierigkeiten der Rolle verstehen, die die Ingenieure spielen."[4]

Dagegen setzt man bei Arup die Forderung, daß Ingenieure Identität brauchen: „Wenn man den Unterschied zwischen Ingenieuren und Architekten kategorisieren sollte, würde ich sagen, daß Architekten subjektiv arbeiten, während Ingenieure in einer objektiven Art arbeiten. Aber diese objektive Welt der Ingenieure enthält viele Elemente, die man dort nicht vermutet. Ein Architekt nähert sich einem Ort und sagt, was glaube ich sollte an diesem Ort entstehen; ein Ingenieur nähert sich den Materialien, nimmt einige der subjektiven Informationen auf und arbeitet eher daran zu erfinden als zu kreieren."[5]

Auf der Grundlage eines solchen Verständnisses der unterschiedlichen, gleichberechtigten Rollen kann man sich dann der eigentlichen Aufgabe nähern, die Erich Mendelsohn einmal so formuliert hat:

„Der Ingenieur muß der Gestalt genauso aufgeschlossen gegenüber stehen wie der Konstruktion. Nur auf diese Weise können Konstruktion und Gestalt sich gegenseitig herausfordern."[6]

Leistungsprinzipien

Zur Grundlage der Arbeit des Büros wurden deshalb die persönlichen fachlichen Leistungen der einzelnen, verbunden mit dem Versuch, sie frühzeitig zusammenzuführen und zu einer Gesamtleistung zu integrieren. Ganzheitliche Leistung wird verstanden als die Lösung nach technischen, wirtschaftlichen, sozialen und psychisch-ästhetischen Ge-

1 Ove Arup: The key speech, 1970, Ove Arup Partnership, London.
2 Jack Zunz: Mirror on the wall – how fair is the engineer's image? Arup Journal, 1992.
3 Peter Rice, An engineer imagines, Artemis, Zürich-London 1994, S. 72f.
4 ebd. S. 81.
5 Peter Rice: RIBA Royal Gold Medal Speech, 1992.
6 Zitiert von Guy Battle und Christopher McCarthy in: Die Fassade als Klimamodulator, Arch+, Nr. 113, Sept. 1992.

Opernhaus Sydney, Modellversuche für die Dachschalen.

Sydney Opera House, model experiments on roof shells.

aim. We should rather look at it as an essential prerequisite for even the partial fulfillment of any of our aims. ..."[1]

Do these ideals still have significance for Ove Arup & Partners in the 1990s? How is the actual engineering process influenced by this philosophy?

The Engineer: Image and Expectations

Engineering as a career in its own right is a fairly modern development. For a long time no distinction was made between architects and engineers, designers and engineers and – sometimes – even between builders and engineers. Britain, especially, has a long-standing tradition of extremely versatile engineer-constructors who transformed the country with their railway lines and bridges during the Industrial Revolution. Viewed against this historical background, the break with tradition occurred quite recently. Arups' declared aim was and remains the restoration of the generalist approach within the framework of present-day working conditions.

Because of the professional limitations imposed upon them in recent times, engineers have acquired the reputation of being unimaginative and boring people interested in nothing but hard facts. Nowadays, engineers still face considerable difficulties when called upon to prove their imaginative qualities, design skills and creativity. Jack Zunz, one of Ove Arup's partners, describes this dilemma as follows:

"Try to find out who designed the Concorde Airplane! ... Our environment is generally perceived as being a creation of architects, planners, surveyors and builders while our industry is under the control of managers who employ men of varying skills including of course technicians and last and usually least designers. This vivid, rather caricature-like picture is to make the point that the engineering world is lost in a kind of semantic and conceptual miasma."[2]

Peter Rice tried to sum up the reasons for this situation: "In our media-dominated society it is the image not the content which matters. ... The problem is that, in the simple world that the media favours, the role of image making is given to others – to designers, for industrial artifacts such as cars ... and to architects for the monuments of our built environment."[3]

The critics find it difficult to appraise the true impact of engineering. A large amount of the engineer's work escapes the public eye, simply because it is neither easy to comprehend nor readily photographed.

Under these circumstances, it will come as no surprise that there are architects who look upon their engineers as mere technicians, a fact much lamented by Richard Rogers, who goes on to say that often problems are not analysed sufficiently because it is easier for everyone to opt for simple and routine solutions. However, we must not forget that engineers, although technically highly qualified, are rarely accustomed to communicating their ideas. They have little experience in expressing how they see themselves as engineers. Communicating ideas is a technical, but also a psychological requirement for successful collaboration. "Engineers," says Peter Rice, "must analyse how it (i.e. a certain part of the building) will perform under the different service conditions which can arise. This responsibility makes the engineers conservative and dismissive of those who do not conform, or who do not understand the rigours of the rôle that they play."[4]

Arups, on the contrary, claim that engineers need a personal identity: "If you like to categorise, or find the difference between engineering and architecture I would say that the architect works in a subjective way while the engineer is working in an objective way. But this objective world of the engineer contains many elements that you might not actually expect it to contain. An architect is taking a place and is saying what I feel should be put into this place, while an engineer is taking materials, he is taking some of its subjective information and is working with it to invent rather than to create."[5]

These different but equally important rôles have to be well understood before we can appreciate the full significance of an engineer's work and profession. His task was once described by Erich Mendelsohn in the following words: "The relationship between design and construction cannot turn into a positive challenge unless the engineer is receptive to both of them."[6]

Work Ethic

The work ethic of each Arup office rests primarily on the engineers' individual technical achievements and the combination of these personal efforts for the sake of a communal benefit. This holistic approach is seen as a step towards an engineering solution based on technical, economic, social and psycho-aesthetic principles. Quite significantly, many in Ove Arup & Partners consider themselves as researchers concentrating on specific problems and pro-

The Engineer: Image and Expectations

1 Ove Arup, The Key Speech, 1970, Ove Arup Partnership, London.
2 Jack Zunz: Mirror on the wall – how fair is the engineer's image? Arup Journal, 1992.
3 Peter Rice, An Engineer Imagines, Artemis, Zurich-London 1994, p. 72f.
4 Ibid. p. 81.

Work Ethic

5 Peter Rice: RIBA Royal Gold Medal Speech, 1992.
6 Quoted by Guy Battle and Christopher McCarthy, in: Die Fassade als Klimamodulator, Arch+, No. 113, Sept. 1992.

Ausstellungspavillon, 1975, Bundesgartenschau Mannheim, Architekten Mutschler + Partner, Beratung Dachkonstruktion Frei Otto, Tragwerksingenieure Ove Arup & Partners.

Exhibition Pavilion, 1975, Federal Garden Exhibition, Mannheim, Germany, architects Mutschler + Partner, roof consultant Frei Otto, structural engineers Ove Arup & Partners.

sichtspunkten. Ein wesentliches Merkmal in diesem Zusammenhang ist das bei Arup häufig anzutreffende Selbstverständnis als ein problembezogenes und projektbezogenes Entwicklungslabor: Bei jedem neuen Projekt besteht die Bereitschaft, mehrere unterschiedliche Wege zu finden und zu erkunden und auf diese Weise die bisher erkannten Grenzen konstruktiver Prinzipien ein kleines Stück weiterzutreiben.

Dabei spielt es eine wichtige Rolle, welches Verhältnis zwischen Wissen und Handeln einer Arbeit zugrunde gelegt wird: „Die Arbeit des Ingenieurs ist keine Wissenschaft. Wissenschaft studiert bestimmte Ereignisse, um allgemeine Gesetze zu finden. Der Ingenieurentwurf bedient sich dieser Gesetze für konkrete Problemlösungen. Darin ist er eher der Kunst oder dem Handwerk verwandt."[7] Daher bedeutet die praktische Arbeit des Ingenieurs nicht eine einfache routinemäßige Anwendung von Naturgesetzen, sondern schließt Wahlmöglichkeiten, Klassifizierungen und letztendlich auch Fragen der Schönheit einer Konstruktion mit ein. Die schöpferische Manipulation der wissenschaftlich erforschten Daten ist eine kreative Tätigkeit, die den Austausch von Wissen und Erfahrung zwischen den Beteiligten mit einschließt.

Wie sieht dieses Verhältnis zwischen dem Wissen und der Anwendung von Ingenieurleistung nun konkret aus? Seit rund dreißig Jahren, seit 1964, baut Arup eine eigene Forschungs- und Entwicklungsabteilung auf. Sie hat heute etwa 50 Mitarbeiter und wird von einem Chemiker geleitet. Die Arbeit der Forschung und Entwicklung besteht aus interner Beratung der verschiedenen Projektgruppen und darüber hinaus aus eigenen Projekten und Aufträgen. Bei der internen Beratung von Projektteams durch Spezialisten wird angestrebt, statt der kompletten Dienstleistung eher eine Hilfe zur Selbsthilfe anzubieten, damit die Ingenieure selbst den fachlichen Überblick für das jeweilige Gesamtprojekt bewahren. Nach außen kooperiert die Forschungs- und Entwicklungsgruppe beispielsweise mit anderen privaten und staatlichen Forschungseinrichtungen und ist auch gegenüber Universitäten und Baufirmen offen. Sie versucht zugleich, Forschungen dieser Institutionen zu übernehmen und in die Sprache der eigenen Entwerfer und Planer zu übersetzen.

Für die Arbeit am Projekt bedeutet dies zweierlei: Es besteht erstens die Bereitschaft, über eng umgrenzte Teilaufträge hinauszugehen, letztlich in Richtung eines *total design* – vom Gesamtentwurf zur vollständigen Ausführung mittels Integration von Planung und Bauablauf unter Zusammenwirken aller betroffenen Disziplinen. Und es wird zweitens versucht, der Problemstellung, dem Problem selber auf die Spur zu kommen, indem man dem Ingenieur die Gelegenheiten und die Atmosphäre zur Prüfung neuer Ideen gibt, die Möglichkeit zu kontinuierlichem Denken. Diese Bereitschaft zum ständigen Prozeß der Weiterentwicklung macht einen Teil der Kreativität aus.

Formal ist das gesamte Unternehmen in eine Vielzahl von Bereichen und Abteilungen gegliedert, faktisch jedoch besteht es aus einer großen Zahl überschaubarer Arbeitsgruppen, die von Spezialisten unterstützt werden. Diese Projektgruppen bilden organisatorisch die kleinsten Einheiten bei Ove Arup & Partners, sie transferieren die Struktur einer kleinen Firma in den Rahmen einer sehr großen Organisation. Das bringt Vorteile, die im Idealfall – der natürlich kaum je ungestört eintreten wird – etwa so aussehen könnten: Als Projektleiter hat man sein eigenes Büro und einige hundert „Freunde", die man jederzeit heranziehen könnte. Zu jedem besonderen Problem ist ein Spezialist „im Haus", egal welchem Bereich oder welcher Abteilung er angehört. Die eigene Gruppe ist überschaubar, sie hat eine Identität, mit ihr verbinden sich Persönlichkeiten, sie ist der Rahmen für den flüssigen Informationsaustausch. Zugleich verfügt sie über die Reserven einer sehr großen Firma in technischen, aber auch in rechtlichen und finanziellen Fragen und läßt sich personell rasch erweitern, falls dies kurzfristig notwendig wird. Natürlich sind damit all die unterschiedlichen Probleme, die bei jedem Unternehmen dieser Art bestehen und die letztlich aus dem Zusammenhang zwischen Wissen, Macht und Kommunikation resultieren, keineswegs aufgehoben. Aber man glaubt einen Rahmen gefunden zu haben, innerhalb dessen man mit ihnen gut umgehen kann.

Wenn einige der Ingenieurleistungen und Bauwerke besonders spektakulär erscheinen, so sind doch nur etwa ein Viertel der Mitarbeiter bei Arup mit diesen außergewöhnlichen Projekten befaßt. Und auch von diesen halten nur einige wenige den direkten Kontakt mit Bauherren, Architekten, Planern und Auftraggebern. Diese müssen sich darauf verlassen können, daß es im Hintergrund eine große Zahl von Ingenieuren gibt, die sich ausschließlich mit Zahlen und Analysen beschäftigen und den Nachweis von bestimmten Ingenieurleistungen erbringen. Sie sind die *„supersonic magicians"*, wie sie von einem Architekten genannt wurden.

In dieser Struktur sind damit drei Tendenzen angelegt, die je nach Art des Auftrags und sicher auch je nach Glück und

7 Ove Arup: Maitland lecture, 1968.

Royal Exchange Theatre, Manchester, England, 1976, Architekten Levitt Bernstein Associates, Tragwerksingenieure und Brandschutz Ove Arup & Partners.

Royal Exchange Theatre, Manchester, England, 1976, architects Levitt Bernstein Associates, structural and fire safety engineers Ove Arup & Partners.

jects: Arup engineers show a willingness to investigate different design solutions for each new project. Thus they are constantly moving beyond the previously accepted frontiers of engineering thinking.

The relationship between theoretical knowledge and practical skills is of great significance: "Engineering is not a science. Science studies particular events to find general laws. Engineering design makes use of these laws to solve particular practical problems. In this it is more closely related to art or craft."[7] Consequently, the actual working process of the engineer is not restricted to a routine application of the laws of nature. It particularly includes the investigation of different options, classifications and, last but not least, even the discovery of beauty in certain constructions. The versatile handling of scientific data is a creative process involving the exchange of knowledge and skill between the participants.

One point of exchange of knowledge and skill is the Research and Development Group which Ove Arup & Partners have built up since 1964 and which, today, numbers about 50 engineers and scientists, with a chemist as their head. The Research and Development Group provides internal consulting services for the various project teams within the practice, as well as pursuing independent research projects and commissions. When the specialists within Arups work with project teams, they seek to complement rather than supplant the work of the team, so that it is always the engineers who maintain an overall view of the problem in question. The R & D Group's work with outside bodies includes exchanges with private and national research centres as well as universities and construction companies. Arups thus keep these institutions informed of the company's current research projects and, at the same time, they participate in research conducted by these institutions and make the results accessible to the Partnership.

Two different attitudes can be distinguished in the project work. First there is a willingness to expand the limits of problem-solving by moving towards the principle of "total design", that is to say, the integration of all the design and construction processes for the sake of the project as a whole. Secondly, problems are addressed at their roots, in an atmosphere which encourages the engineers to test new ideas. This also offers an opportunity to develop continuous patterns of thought. Creativity within Arups is largely dependent on this process.

Formally, Arups' organizational structure shows complex divisions into a large number of different disciplines and groups. In practice the Partnership is organised as a large number of fairly small project teams supported by specialists. As far as the internal organisation of Ove Arup & Partners is concerned, these project teams form the smallest units. Transparent structures, typical for small companies, are here applied to a very large organisation. In principle this system functions as follows: the project manager, leading his own team, has several hundred "friends" within the practice to whom he can turn at any time. For any unusual technical problem which may come up, in-house specialists are available, no matter which part of the practice they belong to. The small project teams are easy to manage, have their own identity and personalities, while their small size guarantees a rapid flow of information. At the same time, the structure offers the advantages of a large company, with resources that allow project teams to be rapidly enlarged when the need arises, and with specialist support in financial and legal, as well as technical matters. This does not, of course, eliminate the various problems which can arise in such a company from the complex relationship between knowledge, power and communications, but Arups have created a structure geared to dealing with these problems.

Some of the Partnership's engineering projects are spectacular, but only about a quarter of Arups' staff are involved in such large-scale efforts, and only a very small number of those are actually in direct contact with clients, architects and designers. They rely on support from a large number of engineers concerned exclusively with calculations and analysis – the "supersonic magicians", as an architect once called them.

This system makes use of three different principles whose application varies depending on the nature of the project in question and the skill and the ability of the individual engineers involved. First, the practice strives toward so-called "umbrella" support, an overarching range of services. Second, it strives to provide in-depth-services. (The architect William Alsop called Arups a "shop for expertise.") Third, the company is dominated by a spirit which, as John Young of the Richard Rogers Partnership put it, turns Arups into "co-conspirators" with whom one can discuss overall strategies as well as specific details.

7 Ove Arup, Maitland lecture, 1968.

Overseas & Chinese Banking Corporation, Singapur, 1976, Architekten I M Pei & Partners New York / BEP Akitek Singapore, Tragwerks- und Fassadeningenieure Ove Arup & Partners.

Overseas & Chinese Banking Corporation, Singapore, 1976, architects I M Pei & Partners NY / BEP Akitek Singapore, structural and façade engineers Ove Arup & Partners.

Geschick des einzelnen bei den Projekten zur Entfaltung kommen; besonders von Architekten werden sie hervorgehoben, wenn es um die Zusammenarbeit mit Arup geht: eine Tendenz zu großer Leistungsbreite, zum *„umbrella support"*; eine Leistungstiefe, über die der Architekt William Alsop sagt, sie mache Arup zu einem *„shop for expertise"*; und eine Arbeitsatmosphäre, die, so der Architekt John Young von Richard Rogers Partnership, Arup zu *„co-conspirators"* macht, mit denen er sowohl in der Strategie wie auch im Detail ein gemeinsames Ziel definieren kann.

Soziale Prinzipien: Die Mitarbeiter

Soziale Prinzipien: Die Mitarbeiter

In seiner Grundsatzrede faßte Ove Arup dieses Thema in wunderbar einfacher Sprache zusammen:

„Natürlich brauchen wir, um qualitätvoll zu arbeiten, Menschen mit Qualität. Wir müssen Experten sein in dem, was wir tun. Auch hier gibt es wieder viele verschiedene Arten von Qualität, und es gibt viele verschiedene Arten von Aufgaben, also brauchen wir Menschen unterschiedlicher Art, von denen jeder seine Aufgabe gut erfüllen kann. Und sie müssen gut zusammenarbeiten können."[8]

Versuchen wir die hier anklingenden Überlegungen aufzugreifen und modellhaft zu formulieren:

- Mitarbeiter sollen Persönlichkeiten sein mit der Bereitschaft, sich in Gruppen einzuordnen. Sie sollen anerkennen, daß die Gruppenleistung bei ganzheitlicher Betrachtung der Aufgabenstellung mehr ist als eine Summe einzelner Aspekte.
- Im Rahmen ihrer Tätigkeit haben Mitarbeiter Entscheidungen zu fällen und zu rechtfertigen. Sie müssen bereit sein, Verantwortung für ihre Tätigkeit zu übernehmen.
- Um Qualität zu leisten, müssen Mitarbeiter hochqualifiziert sein, auch durch ständige Weiterbildung und große Hilfsbereitschaft erfahrener Mitarbeiter gegenüber jüngeren.
- Mitarbeiter identifizieren sich mit ihrer Aufgabe.
- Humanität soll das soziale Klima der Gruppe bestimmen. Der freundliche Umgang miteinander, verbunden mit Respekt vor der individuellen Fähigkeit, ist Voraussetzung für eine gute Partnerschaft.

Eines der bei Arup angestrebten Prinzipien ist es, die Führungskräfte im Unternehmen selbst heranzubilden, um so die Firmenkultur, den *Arup spirit*, gegenwärtig zu halten. Jedes Jahr werden um die 100 Studienabsolventen aus allen Ingenieurdisziplinen neu aufgenommen. Nach einem kurzen Einführungskurs werden sie verschiedenen Gruppen zugeordnet und durchlaufen dann etwa zwei Jahre lang die verschiedensten Arbeitsbereiche, um Erfahrungen zu sammeln und eine ihren Fähigkeiten entsprechende Position zu finden. In dieser Zeit, die einer Ausbildung gleichkommt, werden auch die erforderlichen Erfahrungsnachweise und Prüfungen der verschiedenen Berufsverbände erfüllt.

Über das mathematische Fachwissen hinaus gilt es vor allem das während der Studienzeit oft vernachlässigte intuitive Verständnis für die Statik und die verschiedenen Berechnungen, eine Art Gefühl für die jeweiligen Lösungen zu entwickeln. Auch Verantwortung wird in einem relativ frühen Stadium übertragen, wenn die jungen Ingenieure innerhalb der Teams Aufgaben in einem großen Projekt oder das erste kleinere, eben „das eigene Projekt", übernehmen – geschützt durch ein eng geknüpftes, aber möglichst wenig spürbares Sicherheitsnetz aus Strategien der Qualitätssicherung.

Aufgrund der Projektgruppenstruktur gleichen die Leistungen, die von den Ingenieuren erwartet werden, oft eher jenen kleinerer Beraterfirmen als einer so großen Organisation. Das verlangt eine gewisse Neigung zum Generalisten, der bereit ist, über die engen Fachgrenzen hinauszuschauen, um damit auch besser nach außen auftreten zu können und eine aktivere und konstruktivere Rolle im Gespräch einzunehmen. In diesem Sinne wird versucht, über die Projektarbeit hinausgehende Aktivitäten wie Vorträge oder Zeitschriftenartikel anzuregen und zu fördern – auch mit Hilfe der großen technischen Bibliothek, die bei Arup zur Verfügung steht.

Nur selten, etwa während des Wirtschaftsbooms der achtziger Jahre, werden Ingenieure aus anderen Firmen rekrutiert, und bis auf eine Ausnahme hat Arup niemals Unternehmen aufgekauft. Die Ausnahme war eine starke staatliche Straßenbauabteilung in Großbritannien, die privatisiert werden sollte und bei Arup aufgenommen wurde, um diesen Leistungsbereich auszubauen. Es ist bezeichnend, daß es lange Jahre der Abstimmung brauchte, bis der „Geist von Arup" auch hier die Arbeitsatmosphäre prägte.

Umgekehrt ist es unvermeidlich, daß Arup sozusagen am öffentlichen Leben des Metiers teilnimmt und sein Ausbildungspotential zuweilen von anderen Firmen als eine Art *„finishing school"* für Nachwuchsingenieure genutzt wird.

Die meisten der Ingenieure bleiben ihre gesamte beruf-

8 Ove Arup: The Key Speech, op. cit.

Runnymede-Brücke, Surrey, England, 1978, Architekten Arup Associates, Ingenieure (Tiefbau, Tragwerk und Geotechnik) Ove Arup & Partners.

Runnymede Bridge, Surrey, England, 1978, architects Arup Associates, engineers (civil, structural, geotechnics) Ove Arup & Partners.

Social Principles: Staff Members

Ove Arup sums up this issue in his Key Speech with admirable simplicity: "Obviously to do work of quality, we must have people of quality. We must be experts at what we undertake to do. Again, there are many kinds of quality, and there are many kinds of jobs to do, so we must have many kinds of people, each of which can do their own job well. And they must be able to work well together."[8]

These ideals lead to the following principles:

- Staff should be independent personalities who still enjoy working in a team. Teamwork is more than merely the sum of individual efforts.
- Staff have to take and justify and accept responsibility for their own decisions.
- The different members of staff have to be highly qualified in order to do high quality work. This involves continuous education, and collaboration between senior members and the junior engineers.
- Staff should identify with their work.
- Humanity should be part of the social climate. A friendly atmosphere and respect for individual abilities are the basis for good partnership.

One of the principles of Ove Arup & Partners is to develop the leaders of the firm from within the practice. They believe that in this way the philosophy of the firm – sometimes referred to as "the Arup spirit" – is best preserved.

Every year, the Partnership recruits around 100 new university graduates, from all engineering disciplines. After a brief induction course, these young men and women are allocated to various groups. Over the next two years or so, they move around between groups to broaden their experience and find the area of engineering which best suits their abilities. During this same period, most of these graduate engineers will be "in training" to meet the requirements and pass the examinations of the various professional institutions.

Arups seek to develop in their engineers not only the mathematical skills needed for the work, but also more intuitive approaches to design and a greater understanding of the design process, areas often neglected in university education. Working within project teams, young engineers have responsibility for specific aspects of large projects or their own small ones. The objective is to give a high degree of responsibility at a comparatively early stage, supported by a tightly knit but unobtrusive safety net of design reviews and suchlike "quality assurance" techniques.

Because of Arups' typical project team structure, the social and professional abilities required often resemble those of a small consulting company rather than a large organisation. Engineers should look beyond their specific fields; this can make it easier for them to represent the company vis-à-vis its clients and to assume a more active and constructive rôle during discussions. Arups tend to encourage activities which extend beyond conventional project work and to offer assistance – and the resources of their extensive technical library – whenever there is a lecture to be given or an article to be published.

Except for a few years during the 1980's boom, Arups have rarely employed engineers from other companies. Nor, with one exception, have they taken over other engineering firms. The exception was a strong highways unit, publicly owned but scheduled for privatisation. Arups were anxious to expand their work in this field and took this opportunity to do so. Tellingly, it took some years for the new group fully to assimilate the Arup spirit.

Inevitably, Arups do not develop leaders only for themselves. The firm is open to what might be called the wider interest of their profession, and it is not unusual for other firms to use Ove Arup & Partners as a "finishing school" for their junior engineers.

Most of the engineers stay with Arups for the length of their careers, even though an experienced engineer or project director might receive considerably higher financial rewards working independently. This is one of the most surprising aspects of the Partnership's development over the years, and at the same time one of the secrets of its success. If, at some stage, engineers have preferred the independence of their own office, almost all continue to keep in touch with the practice. Within the firm, a certain balance seems to have been found in the eternal and ubiquitous conflict between personal ambition and collective demands, a conflict once described quite openly by Ove Arup:

"If he (the engineer) finds after a while that he is frustrated by red tape or by having someone breathing down his neck, someone for whom he has scant respect, if he has little influence on decisions which affect his work and which he may not agree with, then he will pack up and go. And so he should. It is up to us, therefore, to create an organisation which will allow gifted individuals to unfold."[9]

8 Ove Arup, The Key Speech, op. cit.
9 Ibid.

Lloyd's of London, 1986, Architekten Richard Rogers Partnership, Ingenieure (Tragwerk, Geotechnik, Haustechnik) Ove Arup & Partners.

Lloyd's of London, 1986, architects Richard Rogers Partnership; engineers (structural, geotechnics, building services) Ove Arup & Partners.

Torre de Collserola, Barcelona, Spanien, 1991, Architekten Foster Associates, Tragwerks- und Geotechnikingenieure Ove Arup & Partners.

Torre de Collserola, Barcelona, Spain, 1991, architects Foster Associates, structural and geotechnical engineers Ove Arup & Partners.

liche Laufbahn bei Arup, obwohl so mancher erfahrene Ingenieur oder *project director* in einem eigenen Büro mit Sicherheit einen wesentlich höheren finanziellen Erfolg haben könnte. Dies ist einer der verblüffendsten Umstände in der Entwicklung der Firma über die Jahrzehnte und natürlich eines der Geheimnisse ihres Erfolgs. Wer früher oder später die Freiheit des selbständigen Ingenieurs vorzog, blieb der Firma dennoch meist verbunden. Ove Arup hat den offenbar ewigen Konflikt zwischen persönlichem Engagement und kollektiven Zwängen, der hier immer wieder von neuem gelöst wird, erfreulich deutlich angesprochen:

„Wenn er (der Ingenieur) nach einiger Zeit feststellt, daß er frustriert ist vom Papierkrieg, oder weil ihm jemand im Nacken sitzt, vor dem er wenig Achtung empfindet, und wenn er nur geringen Einfluß nehmen kann auf Entscheidungen, die seine Arbeit betreffen und die er vielleicht für falsch hält, dann wird er seine Sachen packen und gehen. Und damit hat er recht. Deshalb ist es an uns, eine Organisation zu schaffen, die es dem begabten einzelnen erlaubt, sich zu entfalten."[9]

Ein natürlicher Reibungspunkt in gruppenorientierten Organisationen ist die außergewöhnliche Stellung von besonders profilierten Mitarbeitern. Arup hat immer großen Wert auf das Team gelegt, das einen Spielführer hat und manchmal, in einigen besonderen Fällen, auch einen Starspieler. Eine gewisse Anonymität, die lange Zeit herrschte, barg ein Spannungspotential gegenüber der geforderten persönlichen Verantwortung und dem persönlichen Kontakt. Solange das Unternehmen klein war, ließ sich das ausgleichen, aber mit der Größe wuchs auch die Gefahr einer unpersönlichen Atmosphäre. Um dem entgegenzuwirken, wurde die persönliche Leistung und Anerkennung besonders bei den Tragwerks- und Haustechnikingenieuren stärker herausgestellt und auch öffentlich gemacht – sicher aufgrund des Drucks der jüngeren Generation, aber auch mit dem Ziel, den natürlichen Stolz und Wettbewerb zu fördern, und nicht zuletzt, um den direkten Zugang von außen zu erleichtern. Doch letztlich gilt: Die Motivation zu qualitätsvoller Arbeit immer wieder neu zu beleben, bleibt das eigentliche Geheimnis einer gut funktionierenden Gruppe.

9 ebd.
10 Jack Zunz: „Keeping the Arup world together", Arup Journal, Sommer 1990.

Organisationsprinzipien

Organisationsprinzipien

Wenn die Leistungsprinzipien und sozialen Prinzipien gelten sollen, ist es notwendig, auch die Organisationsstrukturen entsprechend zu gestalten. Das bedeutet:

- Die Fähigkeiten und das Können der Mitarbeiter und die sonstigen Ressourcen bestmöglich zu nutzen.
- Die Stellung des Unternehmens auf fachlichem Gebiet durch vielfältige, interessante Aufgaben zu fördern und alle Mitarbeiter darin einzubinden.
- Wege zu finden, die bei der pluralistischen Gruppenstruktur allen Bereichen Auslastung und Beschäftigung sicherstellen.
- Reibungsverluste aufgrund psychologischer, finanzieller oder struktureller Spannungen zu vermeiden.

Das erklärte Ziel liegt darin, für die Abteilungen oder Gruppen möglichst freie Formen der inneren Organisation zu finden. Sie sollen es einer großen Zahl von Fachleuten verschiedenster Richtungen ermöglichen, gleichberechtigt und gleichrangig zu arbeiten. Damit stellt sich die Frage nach der adäquaten inneren Hierarchie: „Früh wurde uns bewußt: Wenn wir ein großes, beständig sich entwickelndes Unternehmen mit hohem Qualitätsanspruch sein wollen ... dann muß dafür eine Struktur erfunden werden, die von der allgemein anerkannten Managementstruktur abweicht. Die traditionelle Pyramide muß angeglichen werden – also flachten wir sie ab. Wie flach sie gestaltet werden sollte, bleibt Gegenstand weiterer Diskussion und immer wieder neuer Bewertung."[10]

Die meisten großen Bürokratien schrecken Individualisten ab – Arup zieht solche Leute an, konstatiert der Architekt Richard Rogers. Fachliche Kompetenz ist die einzige Autorität, die sich auch im Konfliktfall mit der möglichst freien Entfaltung des Individuums vereinbaren läßt und von diesem angenommen wird. Arup weiß sehr genau, daß die empfindliche Balance zwischen diesen Polen ein wichtiges Kapital der Firma bildet.

Das Entscheidungsverhalten innerhalb der Gruppen und auch auf breiteren Ebenen ist erstaunlich wenig formalisiert: kämpferische Mehrheitsentscheide sind nicht üblich, sondern es wird lieber ein Konsens herbeigeführt – oder zumindest der Anschein eines Konsenses. Dies gilt tendenziell auch für die Suche nach der geeigneten Position und Aufgabe für den einzelnen: man geht davon aus, daß bei den vielfältigen Arbeitsbereichen der Firma jeder Ingenieur einen Platz finden kann, der seiner Begabung und seinen Bedürfnissen entspricht.

Auf vielerlei Weise zeigt sich eine gewisse Beweglichkeit in organisatorischen Dingen. Immer wieder wird betont, daß der Ausbau neuer Bereiche, die Gründung von Zweigfirmen,

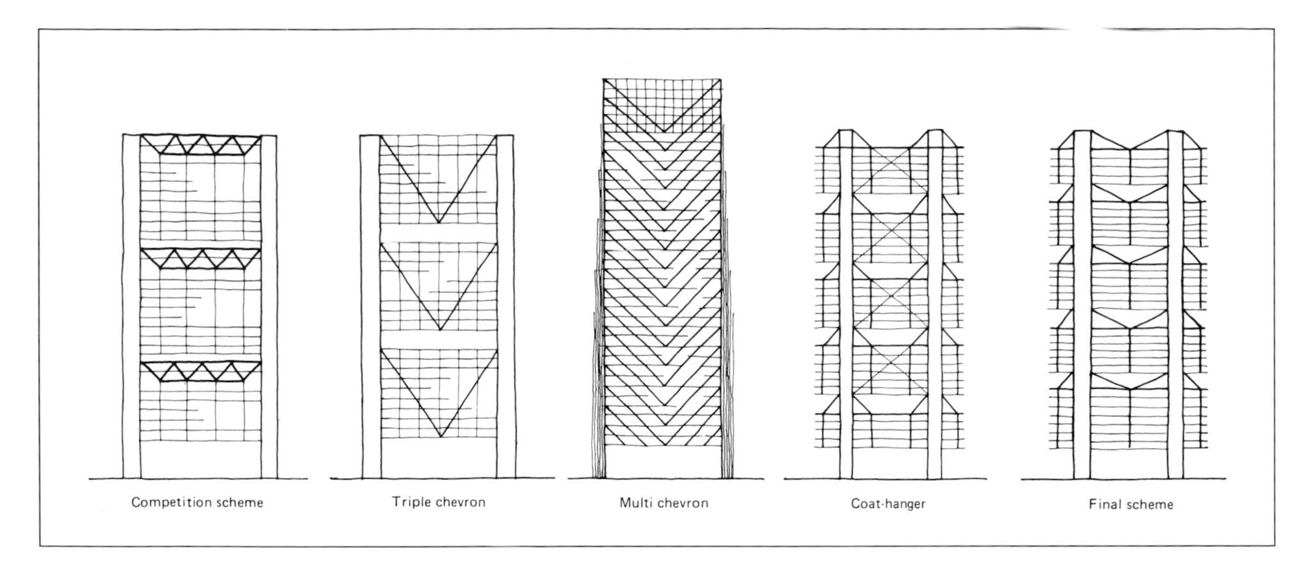

Hongkong & Shanghai Bank, Hongkong, 1986. Entwicklung des Tragwerkprinzips. Architekten Foster Associates, Ingenieure (Tragwerk, Geotechnik und Brandschutz) Ove Arup & Partners.

Hongkong & Shanghai Bank Headquarters, Hong Kong, 1986. Development of structural system. Architects Foster Associates, engineers (structural, geotechnics, fire safety) Ove Arup & Partners.

One natural source of friction in group-oriented companies is the exceptional position of high profile members. Arups have always been strongly committed to the concept of the team, with a leader and, exceptionally, with star players. Historically, a certain anonymity was the rule, which conflicted somewhat with the emphasis on individual responsibility and personal contact with clients. While the practice was relatively small, this conflict could be held in balance but, as the numbers increased, so did the danger of corporate impersonality. To counter that, individual engineers, particularly structural and building services engineers, have presented higher profiles, and individual contributions are more publicly recognised. Although this development has much to do with the influence of the younger generation, it also tends to encourage a natural pride in one's own work as well as a healthy sense of competition. Additionally, it provides more identifiable points of contact for those seeking access to the firm. But in the end, the ultimate secret of a smoothly functioning team is to provide constant motivation for high quality work.

Principles of Organisation

A firm like Ove Arup & Partners still has to create organisational structures needed to make the realisation of their work ethic and their company culture possible. This implies:

- Maximising the abilities and knowledge of its staff and other resources.
- Promoting the position of the practice in the technical sectors by providing an interesting variety of tasks and by including all staff in this process.
- Ensuring that all groups within the firm's diverse structure have an adequate workload.
- Avoiding potential areas of conflict arising from personal, financial or organisational tensions.

The expressed aim of the Partnership is to find the loosest possible forms of internal organisation. These organisational structures must enable a large number of specialists from the various disciplines to collaborate on an equal level. This evokes the issue of hierarchy: "We realised early on that if we wanted to have a big ongoing professional practice of quality ... a different arrangement from the generally accepted management structure would have to be involved. The traditional pyramid would have to be adjusted – so we flattened it. Just how flat it should be is a matter for continuous debate and reappraisal."[10]

Whereas most large-scale bureaucratic institutions frighten individualists, Arups – as the architect Richard Rogers remarks – attract these people. And, to any individualist, professional competence is certainly the only authority acceptable in case of conflict. Arups are well aware that it is an important element of their culture to maintain this delicate balance between individuality and corporate consensus.

The decision-making process within the group, or on a larger scale, has surprisingly few constraints. A consensus – or the appearance of consensus – is always preferred to struggling for majority decisions. This applies also to finding the right place for engineers to work within the organization: it is taken for granted that the wide range of activities within the company guarantees that every member of staff should be able to find a group which meets his or her own talents and needs.

A certain flexibility in organizational matters is apparent at many levels. Again and again it is stressed that the establishment of new ventures, the foundation of subsidiaries and the setting up of foreign offices can be traced back to the personal interests and efforts of an individual engineer. On the project level, this often leads to strong personal contacts between the engineers and specific architects and clients, sometimes establishing formidable collaborations (which will be discussed in "Experience and Experiments"[11]). There have been competitions in which several teams of designers worked on the same project independently, each maintaining the confidentiality of its scheme – a "Chinese wall" arrangement. (Yet, off the record, some members have also spoken of "warring tribes", internal factions.)

The practice centres around project groups, which consist of a project director, technical engineers and other members. Their size varies between six and two hundred. (The Frankfurt Commerzbank team was increased from twelve to forty engineers within a week.) Every four months all the groups and departments, which operate as independent cost centres, have to present a report on their financial status. Project directors – at present there are about 150 – are responsible for professional quality, the time-cost-planning and monthly cost control. The project director usually has a background in the project's technically dominating

Principles of Organisation

10 Jack Zunz: "Keeping the Arup world together", Arup Journal, Summer 1990.
11 cf. p. 79.

Lucile Packard Kinderkrankenhaus, Medizinisches Zentrum der Stanford University, USA, 1991, Architekten Anshen & Allen, Tragwerks- und Haustechnikingenieure Ove Arup & Partners.

Lucile Packard Children's Hospital, Stanford University Medical Center, California, USA, 1991, Architects Anshen & Allen, structural and building services engineers Ove Arup & Partners.

der Aufbau eines Büros in einem neuen Land vom persönlichen Interesse und Engagement einzelner Ingenieure angeregt und angetrieben wurden. Und auf der Projektebene führt diese Struktur dazu, daß einzelne Persönlichkeiten immer wieder mit bestimmten Bauherrn und Architekten zusammenarbeiten. So haben sich einige fast legendäre Teams herausgebildet, über deren Arbeit im Kapitel „Erfahrungen" berichtet werden soll[11]. Es hat Wettbewerbe gegeben, bei denen mehrere verschiedene Designteams getrennt voneinander an demselben Projekt gearbeitet haben, und zwar unter Wahrung der Anonymität – es herrscht dabei absolute Verschwiegenheit. (Einige sprechen im Vertrauen allerdings auch von miteinander „kämpfenden Stämmen".)

Kernzelle der Arbeit sind die Teams aus *project director*, Fachingenieuren und Projektmitarbeitern. Ihre Größe liegt zwischen sechs und 200 Mitarbeitern. (Beim Projekt Commerzbank Frankfurt konnte das Team binnen einer Woche von zwölf auf vierzig Ingenieure erweitert werden.) Viermonatlich müssen alle Gruppen und Abteilungen, die als *cost centre* operieren, ihren Statusbericht vorlegen. Der Projektleiter – zur Zeit gibt es etwa 150 bei Arup – steht für die fachliche Qualität, die Zeit- und Kostenplanung und die monatliche Kostenkontrolle ein. Er stammt in der Regel aus dem für das Projekt fachlich bestimmenden Hauptgebiet; nach außen ist er der erste Partner für die anderen beteiligten Fachleute, und innerhalb seiner Gruppe qualifizierter Ingenieure liegt darin die Basis für seine Führungskompetenz.

Als Service steht ein firmeneigenes Projektmanagement zur Verfügung, um die Teams über Organisationsstrukturen, -methoden und -instrumente zu informieren und zu beraten; auch hier wird, solange das ausreicht, Hilfe zur Selbsthilfe angeboten. Bei Großprojekten kann daraus ein gesondertes Projektmanagement entstehen, mit einem *project leader*, der auf der Ebene zwischen dem Projektdirektor und den Projektingenieuren angesiedelt ist und steuernde Funktionen ausübt.

Eine kritische Frage für diese interne Organisationsstruktur liegt darin, auf welche Weise Erfahrungswissen an jüngere Mitarbeiter weitergegeben werden kann. Wie überall besteht eine gewisse Neigung im „Establishment", Kompetenz oder auch Autorität eher zögerlich abzugeben; andererseits ist es natürlich das Ziel, eine gewisse Verantwortung schon frühzeitig auf die jüngeren Mitarbeiter zu übertragen. Immer wieder werden die älteren Ingenieure dazu herangezogen, in regelmäßigen Abständen mit den jüngeren gemeinsam Lehrveranstaltungen zu organisieren. Es gibt eine Vielzahl von firmeneigenen Publikationen, angefangen vom *Arup Journal* – das mittlerweile im 29. Jahrgang erscheint und sich über die Jahre zu einer veritablen Fachzeitschrift für Ingenieurwesen und Architektur entwickelt hat – bis hin zu internen Zeitschriften wie *Arup Focus*, dem monatlich erscheinenden *Arup Bulletin* und den wöchentlich erscheinenden *Arup News*. Die hausinternen *Feedback Notes* stellen technische Dinge wie beispielsweise besondere Berechnungsverfahren dar oder berichten über Materialien, so daß die Büros weltweit auf demselben Leistungsstand sind.

11 Vgl. S. 79.

Wirtschaftliche Prinzipien

Wirtschaftlichkeit der Arbeit hat der Suche nach Qualität, der Freude an der Arbeit, den guten menschlichen Beziehungen innerhalb der Firma und dem Wohlstand des Mitarbeiters zu dienen. Finanzielle Sicherheit garantiert:

- Freiheit in allen Entscheidungen, Unabhängigkeit von fremden Einflüssen.
- Sich Qualität und Humanität leisten zu können.
- Ständig Einrichtungen, Arbeitsbedingungen und Qualifikationen der Mitarbeiter zu verbessern.
- Die Erweiterung auf neue, gesellschaftlich sinnvolle Arbeitsgebiete aus eigenen Mitteln finanzieren zu können.
- Die Liquidität des Unternehmens zu erhalten.
- Eine angemessene Ausschüttung für die Mitarbeiter zu gewährleisten.

Die sich aus den wirtschaftlichen Prinzipien ergebende rechtliche Organisationsform ist dabei immer als Hilfskonstruktion für alle fachlichen Tätigkeitsfelder zu betrachten. Sie soll gewährleisten, daß die Mitarbeiter ohne finanzielle und rechtliche Restriktionen sich den eigentlichen Planungsaufgaben zuwenden können.

Betrachtet man die Ove Arup Partnership, wie sie sich heute, Anfang der neunziger Jahre darstellt, dann sind im wesentlichen zwei Aspekte zu unterscheiden: zum einen die Eigentümerstruktur, zum anderen die tatsächliche rechtliche Organisationsstruktur.

Die 1946 von Ove Arup gegründete Firma wurde 1949 in eine Partnerschaft von Individuen umgewandelt. Seit der Auflösung dieser Partnerschaft von Einzelpersonen liegt das Eigentum der Firmen bei einer Partnerschaft von Stiftungen.

Wirtschaftliche Prinzipien

Film- und Tonarchiv der Paramount Pictures, Hollywood, Kalifornien, USA, 1991, Architekten Holt Hinshaw Plau Jones, Tragwerks- und Haustechnikingenieure Ove Arup & Partners.

Paramount Pictures Film and Tape Archive, Hollywood, California, USA, 1991, architects Holt Hinshaw Plau Jones, structural and building services engineers Ove Arup & Partners.

discipline; he or she is the primary contact for all from outside the Partnership, and internally his experience and qualifications are the basis for his leadership of a group of highly qualified engineers.

An internal Project Management Group keeps engineers informed about organisational structures, methods and management tools. Once again, the concept is to supplement rather than supplant the group effort. In the case of large-scale projects, a special project management team may be created with its own leader, who holds a position between the levels of project director and project engineer.

The transmission of experience to junior members within the practice is a critical issue. While, as in every other organisation, there is sometimes a certain reluctance within the "establishment" to part with their competence or authority, transferring a certain degree of responsibility to the junior staff members at an early stage is recognised as vital. Senior engineers are regularly asked to organise seminars for their junior staff members. There is also a wide array of Partnership publications, ranging from the *Arup Journal* (a respected engineering journal now in its 29th year) to publications like *Arup Focus*, the monthly *Arup Bulletin* and the weekly *Arup News*. The internally circulated *Feedback Notes* inform staff on technical topics such as specific methods of calculation, and give advice on materials, thus ensuring that the offices across the world are on the same technical level.

Financial Principles

Quality, happiness with one's work, good personal relationships within the company, and financial security for the members of staff can only be achieved through economic viability. Financial security guarantees:

- A degree of freedom in the decision-making process and independence from external influences.
- Conditions that can ensure quality and humanity.
- The constant improvement of equipment, working conditions and the professional development of staff.
- The extension of the company into new and socially meaningful areas of interest.
- The liquidity of the company.
- A proper distribution of profits to the staff.

The company's legal structure has to be seen as providing support for the whole range of engineering activities. In this way, all the staff are free to concentrate on their work without having to worry about financial or legal restrictions.

When examining Ove Arup Partnership as it appears to us today, at the beginning of the 1990s, we must make a fundamental distinction between the structure of ownership and the actual legal organisational structure.

Ove Arup founded the company in 1946 and transformed it into a partnership of individuals in 1949. Later this partnership of individuals was dissolved, and ownership of the company now lies with a partnership of charitable trusts.

The legal structure of the Ove Arup companies has changed several times in the course of the years. In 1967 the partnership of individuals was transformed into a partnership of two companies with unlimited liability. Since 1992 Arups have been a private company, still with unlimited liability. It is protected by professional indemnity insurance that insures the work done by the staff up to a certain maximum sum. All staff, including the directors, are employees of the Partnership.

The most important points in relation to the financial structure of the company can be summarised as follows:

- There is no individual ownership of the company; the owners are charitable trusts.
- The legal structure makes the company entirely independent.
- Profits are shared among the employees after a proportion has been paid into reserves. The profit shares are paid out to employees according to the length of service and the level of responsibility. (There has never in the firm's history been an operational loss to be shared.)

These arrangements lead to a situation in which nobody can entertain ambitions for ownership, thus eliminating one area of potential friction. They provide a framework within which everyone can concentrate on maintaining the firm's reputation, controlling costs, and building up the workload.

Richard Rogers and John Young, partners of Richard Rogers Partnership, very much approve of this model – a company which is not actually "owned" by anybody; it might even serve as a rôle model for large architectural offices such as their own.

Above all, this complex company structure with all its different levels of participation has the desired effect on the members of the practice: they do not worry about it.

Victoria Barracks Vogelflughalle Hongkong

Computerberechnete Seilnetze, auf Bambusgerüst behutsam über einem Park errichtet

Bei der Planung von 3000 m Freiflugraum für 150 Vogelarten über subtropischem Parkgelände wurde Arup von der Hongkonger Regierung als Tragwerksingenieure hinzugezogen. Anstelle des vom Architekten vorgesehenen Systems aus Masten und Netzen entwarf Arup ein Tragwerk, das ein 60 m breites Tal frei überspannt, einzig mit einer Randeinfassung aus Beton von etwa 0,5 m Höhe versehen. Diese Lösung schont den Baumbestand und bringt die Parklandschaft besser zur Geltung.

Arup entwickelte an einem Geländemodell 1:100 das Tragwerk als eine Symbiose von Rohrbögen und Seilnetz. Die drei Rohrbögen (Stahl 50C; 560, 403, 323 mm Durchmesser) haben eine Schlankheit von etwa 1:110, sind warm gebogen und über einfache Senkkästen auf verwittertem Granit gegründet. Sphärische Fußgelenke gestatten freie Verformung unter Windlast und während der Montage. Die Stabilisierung erfolgt durch ein doppelt gekrümmtes Seilnetz aus Paaren rostfreier Stahlkabel (je 14 bzw. 16 mm Durchmesser). Sie laufen in zwei Richtungen und bilden schiefe Vierecke mit exakt 2,40 m Knotenabstand, in die entsprechende Drahtnetzelemente eingehängt sind. Im Gegensatz zu einer üblichen Maschenweite von 60/100 mm verlangte man hier 12/12 mm, um vor Belästigungen durch Nagetiere sicher zu sein, was freilich die Windlast verdoppelte.

Das Bogen-Kabelnetz-Modell (mit 1200 Knoten und 1800 Stäben) wurde mit FABLON, einem Rechenprogramm für das nichtlineare Verhalten räumlicher Tragwerke, hinsichtlich Kräfteverlauf, Verformungen und Stabilität untersucht. Auch die Oberflächengeometrie wurde mittels Computer festgelegt.

Für die Errichtung hatte Arup ein Konzept ohne jegliche Rüstung entwickelt, um die vorhandenen Bäume zu schonen. In Hongkong hat sich aber der Bauunternehmer für Bambus als traditionell bewährtes Material für eine Einrüstung entschieden.

Planung/Bau: 1988–1992
Bauherr:
Royal Hong Kong Jockey Club
Architekten:
Wong Tung & Partners Ltd.
Tragwerksplanung und Geotechnik:
Ove Arup & Partners
Ausführung:
Dragages et Travaux Publics

Die Seilnetze lassen Raum für den alten Baumbestand.

The cable net provides space for the trees.

Victoria Barracks Aviary Hong Kong

Computer-Calculated Cable Nets Erected on Bamboo Scaffolding over a Park

Arups were appointed by the Hong Kong government as structural engineers for a project to construct a 3,000 m^2 sub-tropical aviary for 150 varieties of birds. Instead of the original mast and mesh enclosure proposed by the architect, Arups designed a support structure spanning clear across the area and enclosed at the perimeter by a 0.5 m high concrete kerb. This solution better protected the existing trees and was a visual enhancement to the park setting. Arups developed the structure, a combination of tubular steel arches and cable net, using a 1:100 scale topographic model.

The four steel arches (steel grade 50C; 560, 403, 323 mm diameter) are supported by caissons on weathered granite. The arches have span/depth ratios of approximately 1:110, and were bent to shape by heat induction. Spherical bearings at the base of the major arches accommodate rotations that occur under wind loading and during construction. The structure is stabilised by doubly-curved cable net surfaces built up of pairs of stainless steel cables (14 mm and 16 mm diameter). The cables run in two directions, forming skewed quadrilaterals with a constant 2.4 m node-to-node length to which the mesh strips are attached. In contrast to the usual mesh size of 60 by 100 mm, the requirement here was for a 12 by 12 mm mesh. This was intended to protect against rodents but, of course, the smaller spacing also doubled the wind loading. The force distribution, deformation and stability of the arch and cable net model (with 1,200 nodes and 1,800 elements) were analysed using FABLON, a non-linear space frame analysis program. The surface geometry was also calculated by computer.

Arups' original concept was intended to be realised without scaffolding, so as to protect the trees. However the Hong Kong contractor chose to erect traditional bamboo scaffolding across the whole site.

Planning/Construction: 1988–1992
Client:
Royal Hong Kong Jockey Club
Architects:
Wong Tung & Partners Ltd.
Structural and geotechnical engineers:
Ove Arup & Partners
Main contractor:
Dragages et Travaux Publics

Lage im Park.

Park site.

Einrüstung mit Bambus.

Bamboo scaffolding.

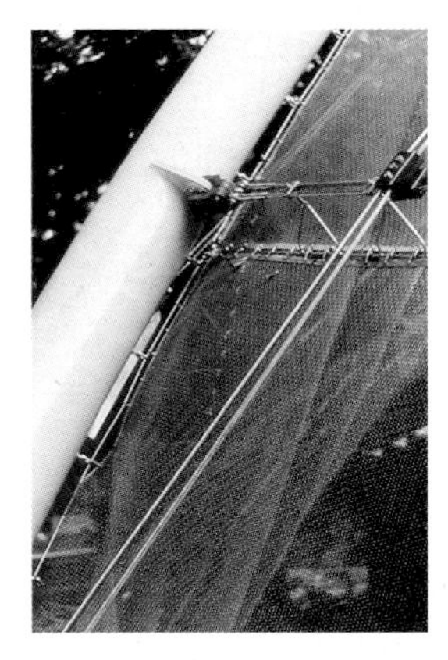

Verbindung Rohrbogen und Seilnetz.

Connection steel arch and cable net.

Verbindung Seile und Netz.

Cable connection to net.

Überdachung der Bahnhofsstation Chur, Schweiz

Verglastes Tonnendach auf Stahlrohrbogenpaaren mit Zugbandfächern

Die mit einer transparenten Totalüberdachung in Tonnenform siegreichen Architekten luden Arup als beratende Ingenieure ein in der Erwartung, dadurch die englische Ingenieurtradition für stählerne Bahnhofshallen aus dem 19. Jahrhundert einbringen zu können. Wegen der im Scheitel verschwindenden Dachneigung mußte man ein hochwertiges Verglasungssystem mit Silikondichtung verwenden, weshalb man den französischen Spezialisten RFR in das Entwurfsteam einband.

Gegenüber dem vorgesehenen klassischen Stahlbogendach wurde von Arup, einem Konzept von Peter Rice und anderen Arup-Ingenieuren folgend, ein Stahlrohrbogen mit Zugbandfächer – dieser zur Knickaussteifung des verhältnismäßig schlanken Rohrbogens – vorgeschlagen. Zwei Varianten des „Speichenradsegments" wurden angeboten: die eine mit ebenen parallelen Bögen, die andere als Doppelbogen mit gemeinsamen Fußpunkten und kurzem Abstand im Scheitel, was eine zusätzliche Aussteifung überflüssig machte. Diese prägnantere, dreidimensionale Lösung (der „Zitronenschnitz") hat bei annähernd gleichem Stahlverbrauch merklich höhere Herstellungskosten, wurde aber aus ästhetischen Gründen vom Bauherrn bevorzugt. Das Projekt erhielt 1993 den Preis der ECCS (European Convention for Constructional Steelwork).

Die Haupttragglieder des ausgeführten Doppelbogens sind St50 Stahlrohre mit 406 mm Durchmesser in konstanter Krümmung, so daß der Hallenquerschnitt leicht elliptisch ist. Je eine Doppelrohrstütze im Abstand von 15 m trägt auf Auskragungen zwei Doppelbögen. Diese Stützen bieten Widerstand gegen Windangriff und Erdbeben, sind aber nachgiebig gegen thermische Bewegungen und Bogenschub unter Nutzlast. Die Horizontalschübe sind übrigens gering im Vergleich zu denen aus Stößen entgleister Züge auf Plattformniveau, welche als Vorgabe des Entwurfs angenommen wurden.

Planung/Bau: 1988–1992
Bauherr:
Schweizer Bundesbahn (SBB), Rhätische Lokalbahn (RhB), Schweizer Post (PTT)
Architekten:
Arch.-Gemeinschaft Richard Brosi/Robert Obrist, Chur/St. Moritz
Beratende Ingenieure:
E. Toscano AG/Hegland & Partner AG, Zürich und Chur
Subberater für das Dachtragwerk:
Ove Arup & Partners
Subberater für die Dachverglasung:
RFR, Paris
Ausführung:
Tuchschmid, Schweiz

Planning/Construction: 1988–1992
Client:
Schweizer Bundesbahn (SBB), Rhätische Lokalbahn (RhB), Schweizer Post (PTT)
Architects:
Richard Brosi / Robert Obrist, Chur / St. Moritz
Engineering consultants:
E. Toscano AG / Hegland & Partner AG, Zurich and Chur
Subconsultant for the roof structure:
Ove Arup & Partners
Subconsultant for the roof glazing:
RFR, Paris
Building contractor:
Tuchschmid, Switzerland

Lage im Stadtraum.

Location within urban context.

Halle im Bau.

Hall during construction.

Anschluß der Zugbandfächer an eine Doppelrohrstütze.

Connection of double column to radial ties.

Railway and Bus Station Roof Chur, Switzerland

Glazed Barrel Roof with Pairs of Tubular Steel Arches and Radial Ties

Having won the competition with their design for a transparent barrel roof over the entire station, the architects then invited Arups to join the design team as engineering consultants. Their intention was to gain inspiration from the 19th century English engineering tradition of train sheds in steel. As the roof pitch in the apex is zero and rain water would not flow off, a high performance glazing system incorporating silicone sealing was required. The French specialists, RFR, were called into the design team to deal with this aspect.

The classic steel arch originally proposed by the architects was developed further, following a concept worked out by Peter Rice and his colleagues at Arups; this called for a tubular steel arch with radial ties for restraint against buckling of the relatively slender arch members. Two variations of this "bycicle wheel arch" were tendered: One version proposed simple parallel arches and the second, three-dimensional version envisaged double arches joined at the base point, but diverging at the apex, resembling a lemon wedge. This last option obviated the need for further bracing and used the same quantities of steel, but incurred higher fabrication costs. The client opted for the second version on aesthetic grounds. In 1993, the project received the European Convention for Constructional Steelwork Prize.

The principal structural members of the double arch are 406 mm diameter, grade 50 steel tubes curved to a constant radius, so that the cross section of the hall is slightly elliptical. Cantilevered arms at the top of each pair of circular hollow section columns, spaced 15 m apart, support two double roof segments. The columns resist wind forces and earthquakes, but are not so stiff as to generate excessive resistance to thermal expansion and arch spread under imposed load. The horizontal thrusts are, however, low in comparison to the impact of a derailed train at platform level, which was the controlling design load.

Halle bei Nacht.

Hall at night.

Zwei Stahlrohr-Doppelbögen.

Two steel tube double arches.

Hôtel du Département Marseille, Frankreich

Funktion folgt Verhalten

Der eigenwillige Entwurf (Ergebnis eines internationalen Wettbewerbs) für die Bezirksregierung der Provinz Bouches-du-Rhône besteht aus drei Hauptgebäuden und zwei Ebenen für Tiefgaragen. Den beiden Verwaltungstrakten mit ihren futuristischen Auf-, Zu- und Einbauten ist die zigarrenförmige Konferenzhalle (das „Deliberatif") auf einer etwa 10 m hohen brückenförmigen Unterkonstruktion wie ein unruhiges Insekt vorgelagert. Auch im Hauptgebäude tummeln sich urige „Tiere" auf dem Dach und in der Halle im Verein mit dreigeschossigen X-Stützen und luftigen Hängebrücken. Der Architekt will mit seinem Entwurf das Erleben der Bewegung bereichern, „eine Arena für das Verhalten von Menschen" schaffen, getreu seinem Leitspruch: „Funktion folgt Verhalten".

Eine Reihe von technischen Innovationen sollen die Beziehung von Außenwelt und Innenwelt beleben und gleichzeitig helfen, sorgsam mit Energie und beschränkten Ressourcen umzugehen. Die Büroräume werden möglichst gleichmäßig natürlich belichtet. Das Atrium (22/160 m Grundfläche) soll über bewegliche Blenden im Dach weitgehend natürlich belichtet werden. Eine Vielzahl von Zu- und Abluftklappen dienen dazu, das Innere mit der Strömung der örtlichen Winde zu durchlüften.

Wenn man zudem bedenkt, daß französische Vorschriften für hohe Gebäude und Versammlungsräume sehr restriktiv konzipiert sind, daß beim vorgegebenen Gebäudekonzept ein korrekter Brandschutz schier unlösbare Probleme aufwirft, daß die Feldweiten differieren und daß unter all dem noch die Eisenbahn verkehren soll, dann wird die Dimension der geforderten Ingenieurleistung deutlich. Dennoch erreicht das Gebäude in seiner Struktur eine reiche Ordnung, indem es die Raster der Büros, Stellplätze und Fassadenpaneele des Deliberatif miteinander verbindet, ohne daß diese Komplexität mit der Individualität der einzelnen Baukörper in Konkurrenz tritt.

Planung/Bau: 1990–1994
Bauherr:
Département des Bouches-du-Rhône
Architekten:
Alsop Störmer
Tragwerks- und
Haustechnikingenieure:
Ove Arup & Partners;
OTH Méditerranée

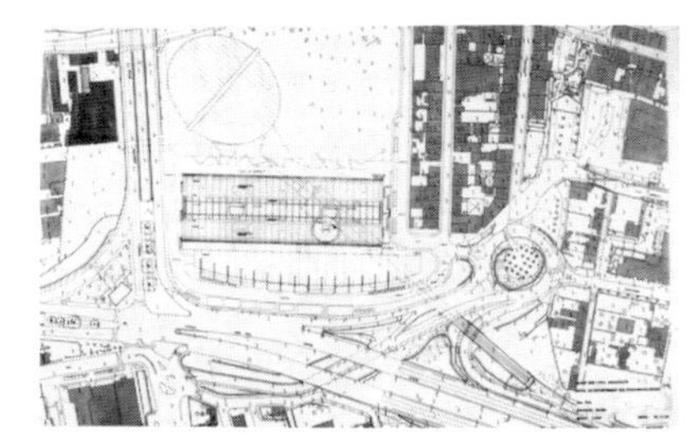

Lageplan.

Site plan.

Entwicklung des Entwurfs: Malstudie von Will Alsop, 2 Zwischenstadien und Modell des ausgeführten Entwurfs.

Design process: Sketch/painting by Will Alsop, 2 intermediate models, model of built version.

Local Government Headquarters Marseille, France

Function follows Behaviour

This unconventional design (the result of an international competition) for the headquarters of local government in the province of Bouches-du-Rhône consists of three major buildings and two levels of basement parking. In front of the two administration blocks, each with its own futuristic touches, sits the main debating hall, housed in a cigar-shaped building (the "Deliberatif") and raised some 10 m on a structure of bridge-like proportions, whose form resembles that of a poised insect. In the main building too, "animals" romp across the roof and the hall, vying with three storey high x-columns and light suspended bridges. Through his design, the architect seeks to enrich the experience of movement, creating "an arena for human behaviour" according to his credo "function follows behaviour".

A range of technical innovations enlivens the relationship between outside and inside worlds, and demonstrates a careful use of energy and natural resources. In the offices special attention is paid to the distribution of natural daylight, while services and plant are concealed within each intermediate floor. In the atrium (22 by 160 m at the base) large moveable shades at the roof level maximise natural light, and a series of ventilation louvres can direct external air movement to the inside.

The engineering achievement in this building is quite remarkable, especially in view of a number of complicating factors: The very restrictive French regulations governing high buildings and conference rooms; a design concept which is incompatible with the prescribed fire protection measures; differing structural grids of the park deck and the office floors above; and, added to this, the presence of railway tracks running underneath the building. Nevertheless, the building has achieved a structure which displays a rich order, linking office module to car parking to the cladding panels on the Deliberatif, while its complexity does not compete with the individuality of the building elements.

Planning/Construction: 1990–1994
Client:
Département des Bouches-du-Rhône
Architects:
Alsop Störmer
Structural and building services engineers:
Ove Arup & Partners;
OTH Méditerranée

Die Konferenzhalle (links) und die beiden Bürotrakte im Bau.

Conference hall (left) and office buildings during construction.

V-Stützen unter den Bürotrakten.

V-shaped columns below office buildings.

Schwimm- und Radsporthalle Berlin

Tragwerk und Technik für unterirdische Hallen

Im Rahmen eines Bauprogramms, das in Berlin auch ohne Olympia 2000 weitgehend realisiert werden soll, wurden für den Bezirk Prenzlauer Berg diese beiden Hallen geplant. In einer parkähnlichen Landschaft gelegen, werden sie fast vollständig im Boden versenkt und unterirdisch zu einem Gesamtkomplex verbunden. Insgesamt sollte bautechnisch zurückhaltend und haustechnisch optimal geplant werden.

Die Dächer ragen nur etwa 1 m über die Parkebene – mit einer Aufschüttung des Geländes bis zu 5 m – hinaus (jenes der Schwimmhalle sollte beweglich um 5 m anzuheben sein, um zusätzliche Zuschauerplätze zu schaffen). Über der Dachkonstruktion aus konventionellem Stahlfachwerk mit Trapezblecheindeckung ist ein gewebtes Edelstahlnetz vorgesehen, das die Illusion, hier läge eine schimmernde Wasserfläche im Park, noch verstärkt.

Die Versorgung großer unterirdischer Räume unter Verzicht auf auffällige Verbindungen zur Umgebung sowie die vorgesehene Ausführung der Radsporthalle vor der Schwimmhalle brachten für die Haustechnik schwierige Aufgaben mit sich. Aufgrund des Entwurfs kam eine natürliche Belüftung nicht in Frage, und die natürliche Belichtung ist auf den Lichteinfall durch die Hallendächer beschränkt. Man war bestrebt, kostengünstig, energiesparend und umweltfreundlich zu planen und die Wartung der Einrichtungen zu erleichtern; das betraf die Konzeption und Systemwahl wie auch die Materialauswahl und Detailgestaltung.

Die Lage der Technikzentrale wurde sorgfältig geplant, um Investitionskosten für Anlagen und Rohrleitungen zu sparen und Leitungsverluste gering zu halten. Auch bei Teillast und ungleicher Last soll die Anlage wirtschaftlich, unter Nutzung der Wärmerückgewinnung, betrieben werden können. Eine zentrale Heizungs- und Klimaanlage, unterstützt durch dezentrale Lüftungsanlagen für spezielle Teilbereiche, versorgt beide Gebäudeteile. Die Lüftungsplanung wurde durch eine ausführliche Computersimulation kontrolliert und verfeinert.

Baubeginn: 1993
Bauherr:
Olympia 2000 Sportstättenbauten GmbH, Berlin
Architekten:
Dominique Perrault Associés, Paris
Tragwerks- und Haustechnik-ingenieure:
Ove Arup & Partners

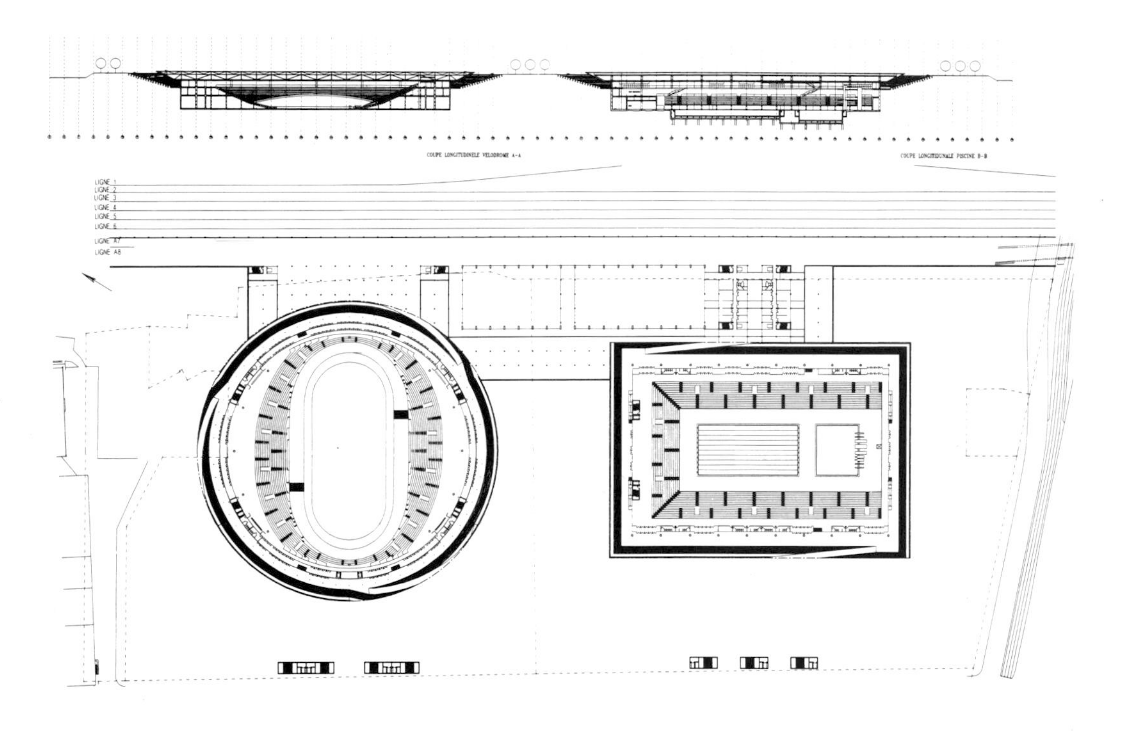

Schwimm- und Radsporthalle: Längsschnitte und Grundrisse auf Foyer-Ebene.

Swimming pool and cycle stadium: Longitudinal sections and floor plans of entrance level.

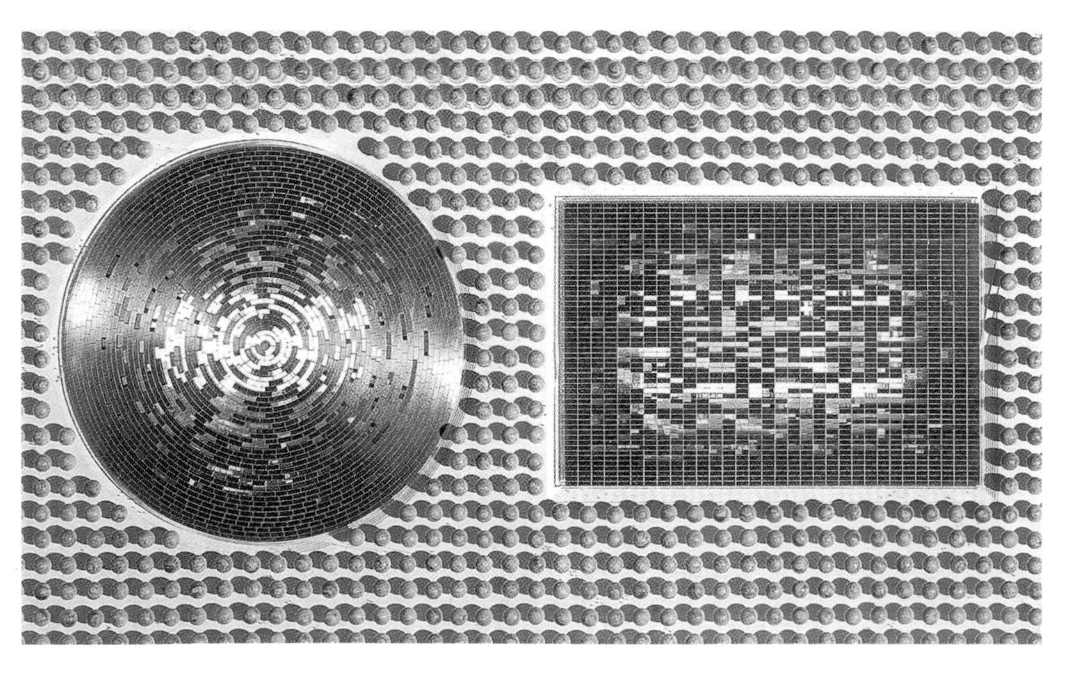

Schwimm- und Radsporthalle: Modellansicht von oben.

Swimming pool and cycle stadium: Model from above.

Swimming Pool and Cycle Stadium Berlin, Germany

Structure and Services for Underground Halls

Two new sports halls are planned for the Prenzlauer Berg district in Berlin, part of a building programme which will be realised despite Berlin's unsuccessful application for the Olympic Games in the year 2000. Situated in park-like surroundings, the halls will be almost completely underground, and linked to form one large complex. In general terms the aim is to keep the structural elements low-key, and to optimise the engineering services.

The roofs will project approximately 1 m above a newly created embankment 5 m above the former ground level of the park (the swimmig pool roof was to be raised a further 5 m to accommodate additional spectator seating.) Resting on top of the conventional steel truss roof, with corrugated sheet metal roofing, will be a woven stainless steel net giving the illusion of a shimmering water surface in the park.

The planning of services and technical equipment was a difficult challenge, given the problems of dealing with large underground spaces while avoiding intrusive links to the surrounding area, and the demands of a construction programme with the completion of the cycle stadium before the swimming pool. The design precludes the use of natural ventilation, and natural lighting is restricted to light slanting in through the hall roofs. Economic, energy-saving and environmental considerations played an important part, as did the design of measures to ease systems maintenance; this approach carried through from the planning stages, to system selection, to choice of materials and detailing.

The location of the central services unit was carefully considered, in order to save on plant costs and piping, and to keep transmission losses down to a minimum; the building is designed to function economically, using heat recovery, under partial and uneven loading. A central heating and air conditioning system, supported by decentralised ventilation systems for special areas, supplies both parts of the building. The ventilation systems were developed and refined using extensive computer simulations.

Start of Construction: 1993
Client:
Olympia 2000 Sportstättenbauten GmbH, Berlin
Architects:
Dominique Perrault Associés, Paris
Structural and building services engineers:
Ove Arup & Partners

Radsporthalle: Modell der Tragstruktur.

Cycle stadium: Model showing structural principle.

Radsporthalle: Modell des Inneren.

Cycle stadium: Model of interior.

Kylesku-Brücke Schottland

Bauingenieurkunst in den Highlands

Die stimmige Einbettung dieser 275 m langen Brücke und ihrer Zufahrtsstraßen in die einsame Landschaft Nordschottlands stellte eine große Herausforderung dar. Der Entwurf wurde durch eine Reihe von Planungsentscheidungen geprägt:

- Stahlbeton als Baumaterial hält dem salzig-feuchten Wetter am längsten stand.
- Wahl einer Trassenführung, die sich dem kupierten Gelände in weit geschwungenen Bögen gut anpaßt.
- Der 120 m breite Wasserarm wird ohne Zwischenstützen überspannt, da die Wassertiefe bis zu 25 m beträgt und starke Gezeitenströmungen aufweist.
- Lichte Durchfahrtshöhe für die Schiffahrt von 24 m auf 80 m Breite.

Bei der Wahl der Tragstruktur war von erstrangiger Bedeutung, wie der mittlere Teil über den Wasserarm gespannt werden könnte, da die Hauptspannweite der Hauptkostenfaktor einer Brücke ist. Ein Durchlaufträger auf geraden Stützen hätte eine mittlere Spannweite von etwa 130 m erfordert. Eine Hängebrückenstruktur hätte zwar die Kosten für den Brückenträger reduziert, man scheute aber davor zurück, in diese Landschaft die dafür erforderlichen hohen Pylone zu stellen. Eine Bogenform wurde wegen der aufwendigen Rüstung über dem Meeresarm verworfen. Die letztlich gewählte Tragstruktur wies mehrere Vorteile auf:

- Der Brückenträger ist als Hohlkasten sehr torsionssteif.
- Die V-Stützen-Form gestattet eine Durchlaufträgerausbildung mit akzeptablen Spannweiten.
- Die viergliedrige Ausbildung der V-Stützen mit längs und quer geneigten Stäben ermöglicht es, die hohen windbedingten Horizontalkräfte über Normalkräfte in den Stäben abzuleiten, und gewährt außerdem eine gute Aussteifung des Gesamttragwerks.
- Es genügen 2 Fundamentbänke an den Ufern; sie tragen die Hauptlast der Brücke auf festen Felsen ab.

Planung/Bau: 1978-1984
Bauherr:
Highland Regional Council
Planung und Berechnung:
Ove Arup & Partners
Ausführung:
Morrison Construction Ltd.

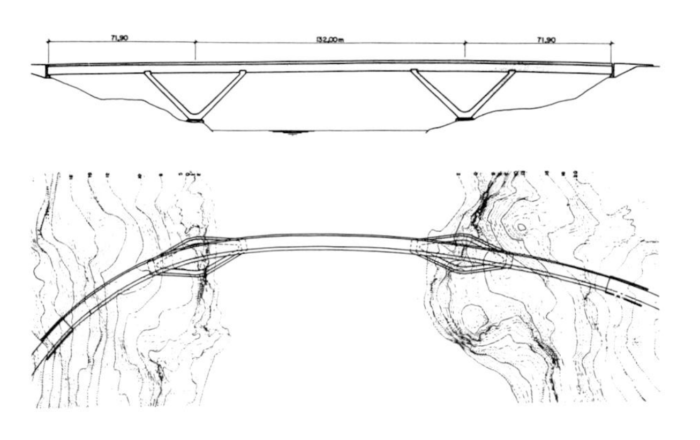

Längsschnitt und Grundriß.

Plan and longitudinal section.

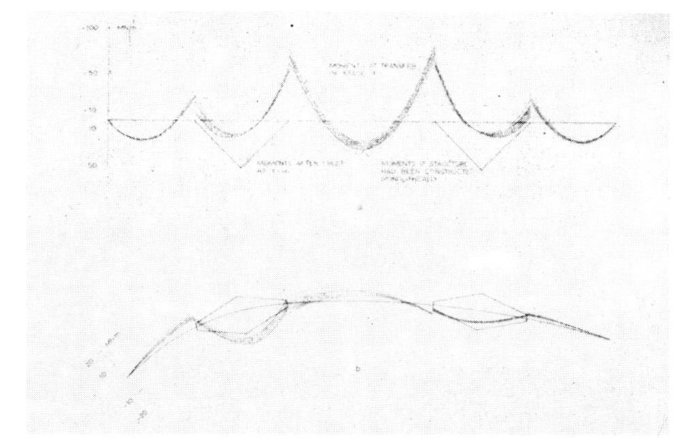

Momentenlinien in Grund- und Aufriß.

Moment curves shown in section and plan.

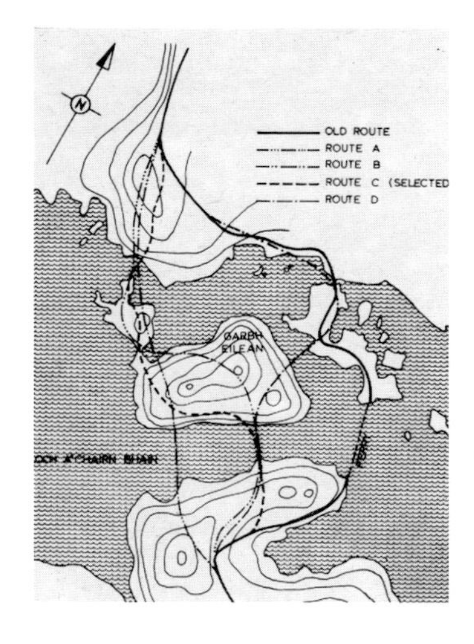

Lageplan: alte Fährstrecke, vier Varianten, die ausgewählte Route C schwarz gestrichelt.

Map: old ferry route, four variations, the selected route C in bold dashed lines.

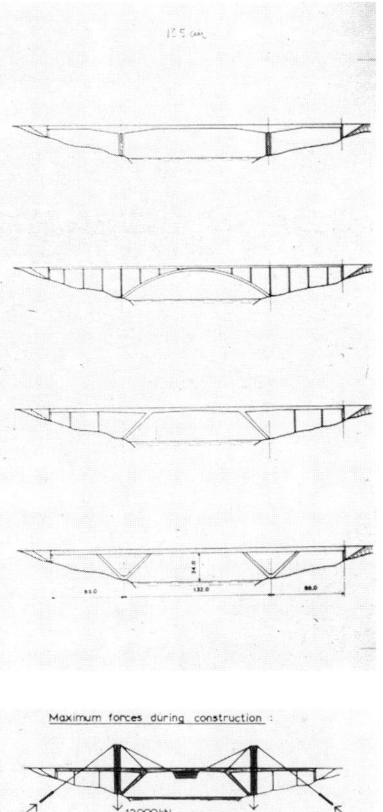

Vier Tragstrukturen im Vergleich.

Comparison of four structural concepts.

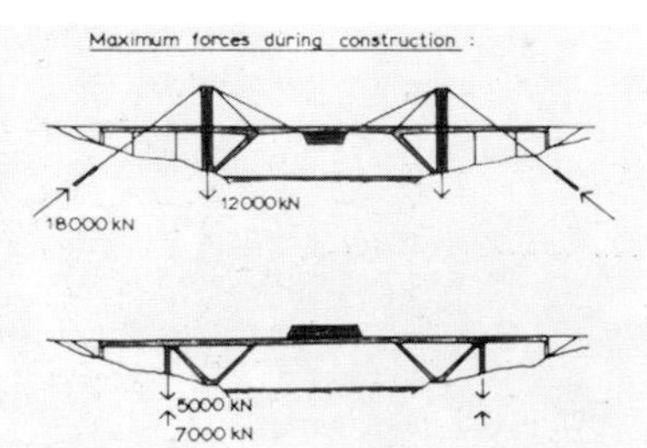

Tragstrukturenvergleich hinsichtlich der Schnittkräfte im Montagezustand.

Comparison of structural concepts with regard to stresses during erection.

Letzte Bauphase: Einsetzen des Mittelstücks.

Final phase of construction: Lifting the centre section.

Kylesku Bridge Scotland

Engineering Art in the Highlands

The engineering challenge here was to integrate a 275 m long bridge and its approach roads into the beautiful, unspoiled landscape of Northern Scotland. A number of planning decisions determined the design:

- Reinforced concrete was selected as building material, because it gave good durability with minimum maintenance.
- The route chosen for the crossing favoured wide sweeping curves, to suit the local terrain.
- The 120-m wide waterway was to be spanned without intermediate columns, due to the depth of water (up to 25 m) and strong tidal currents.
- Navigation clearance of 24 m high and 80 m wide.

The length and construction method used for the main span are a major factor in bridge costs. Several solutions were considered: A continuous deck on vertical supports would have resulted in a main span of about 130 m. A suspension bridge structure would have reduced the cost of the deck, but there was great reluctance to introduce high towers into this landscape. An arched bridge would have required major temporary supports over the water and so was rejected. The support structure finally chosen had several advantages:

- The bridge deck is a box girder and has great torsional strength.
- The V-shaped supports permit a continuous deck with acceptable span widths.
- The four legs of the V-shaped supports, inclined vertically and horizontally, transfer the high horizontal loading on the bridge into direct forces in the legs. In this way greater structural stability is achieved.
- Two pier foundations on firm rock on the banks are sufficient to carry the main load of the bridge.

The bridge deck was built in three stages. During the final stage, the 85 m centre span was cast on a temporary jetty at shore, floated out, lifted into position and stressed back to complete the structure.

Die Brücke verschmilzt mit der Landschaft.

The bridge blends into the landscape.

Planning/Construction: 1978–1984
Client:
Highland Regional Council
Road and bridge design:
Ove Arup & Partners
Building contractor:
Morrison Construction Ltd.

Sensible Bewahrung alter Baukultur:
Der Vierungsturm des Münsters von York während der Arbeiten an den Fundamenten.

Careful preservation of a historic building:
The crossing tower of York Minster during work on the foundations.

Stockley Park London

Die Entstehung eines Gewerbe- und Landschaftsparks

Alte Schottergruben, die seit 1920 mit Haushalts- und Industriemüll gefüllt worden waren, bildeten den größten Teil des 160 ha großen Grundstücks, auf dem ein Gewerbe- und Landschaftspark einschließlich eines Golfplatzes internationalen Standards entstehen sollte.

Arup war als Berater für fast alle technischen Fragen in Tiefbau, Planung und Städtebau, Informationstechnik, Bodensanierung, Umwelt- und Verkehrsfragen sowie bei der Planung der meisten Gebäude beteiligt, die von bekannten Architekten entworfen wurden.

Der erarbeitete Generalbebauungsplan orientierte sich an vier strategischen Planungsentscheidungen:

- Der Landschaftspark sollte an den im Norden angrenzenden Wohngebieten liegen, während der Wirtschaftspark im Süden angesiedelt wurde.
- Zum Schutz der umliegenden Gebiete vor Verschmutzungen wurde ein präventives System aus unterirdischen Sperrwänden und Dränagen in Verbindung mit einem Reinigungswerk angelegt. Niederschlagswasser aus Starkregen wird in den neu angelegten Bächen und Teichen aufgefangen.
- Aus Kostengründen wurden die vorhandenen Böden innerhalb des Geländes zur Formung oder Verdichtung des Untergrundes für neue Bodengestaltung, unterirdische Sperrwände und Untergrund für Straßen, Seen und Gebäude verwendet.
- Aus Gründen der Vermarktung wurde aller Müll aus dem Gewerbepark entfernt.

Diese von Arup entwickelte Strategie der Landgewinnung war, gemessen an Wirtschaftlichkeit, Zeit und Umweltsanierung, überaus erfolgreich. 1984 wurden etwa 3 Mio m^3 Bodenfüllung und eine etwas geringere Menge von Lehm und Schotter nordwärts verschoben und bilden dort eine sanfte Hügellandschaft. 18 Monate nach Beginn der Erdarbeiten war das erste Gebäude des Gewerbeparks, mitsamt seiner natürlichen Umgebung, fertiggestellt.

Seit 1981
Bauherr:
Trust Securities Ltd.
Masterplan:
Arup Associates

Bestandsaufnahme und erste Bodenarbeiten.

Investigation and first earthworks.

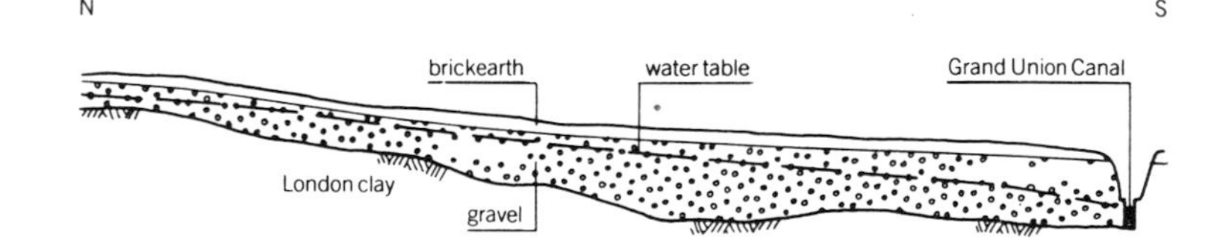

SITE PRIOR TO GRAVEL EXTRACTION

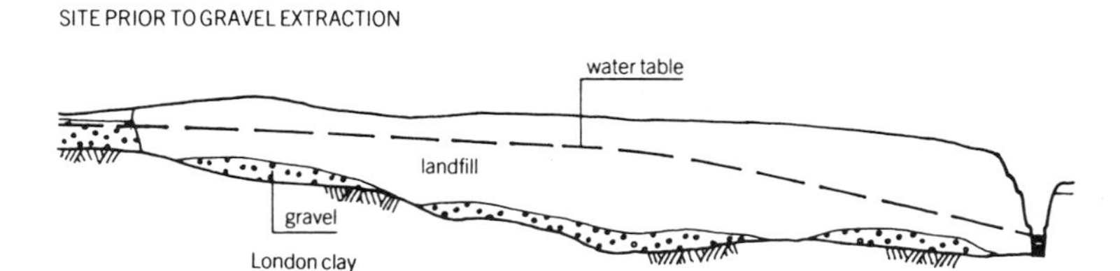

10 m
0
0
200 m

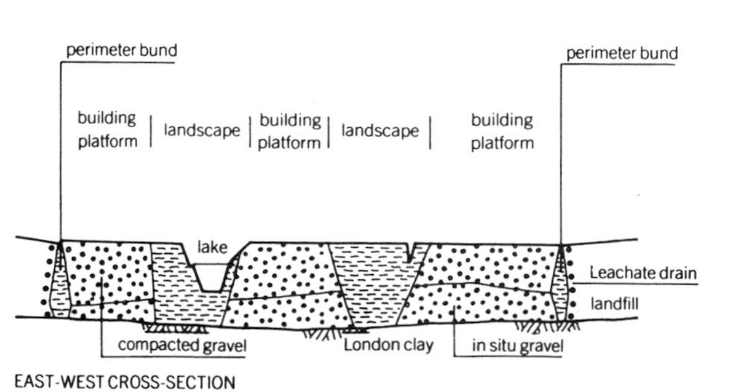

EAST-WEST CROSS-SECTION

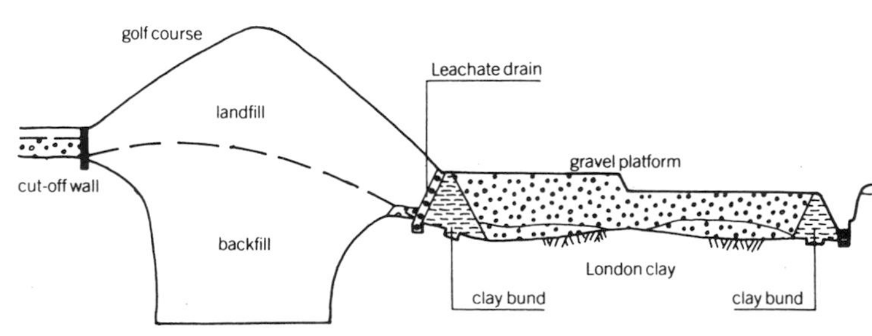

REJUVENATED SITE

Das Gelände von Stockley Park vor und nach den Bodenarbeiten. Oben: Der unberührte Boden im 19. Jahrhundert. Mitte: Der Boden im verschmutzen Zustand bis 1981. Unten: Die Ergebnisse der Geländesanierung und -entwicklung (rechts Nord-Süd-Schnitt, links Ost-West-Schnitt).

Stockley Park site before and after land improvement. Above: soil, 19th century. Middle: Soil pollution until 1981. Below: Results of site reclamation and development (right north-south section, left east-west section).

Stockley Park Development London

The Creation of a Business Park and Country Park

The 160 hectare site consisted mainly of old gravel pits filled since 1920 with domestic and industrial rubbish, which was an environmental hazard. From this unprepossessing site a business park and country park, incorporating an international standard golf course, has been created.

Arups were the consultants for almost every technical aspect concerning civil engineering, planning and urban design, as well as communications, land reclamation and environmental and traffic issues. They also participated in the design of most of the buildings for which well known architects were commissioned.

The master plan was determined by four strategic decisions:

- The country park was to adjoin the housing areas to the north of the site, while the 36 hectare business park was to be located to the south.
- Pollution of surrounding areas was to be eradicated and, accordingly, a preventative system of underground walls together with drainage systems discharging to a treatment works was installed. Clean surface water in the business park feeds the artificial lakes and streams.
- For cost reasons, the existing materials, refuse, clay and remaining gravel were to be reused within the site to create new landforms, protective underground barriers and to form the bases for roads, lakes and buildings.
- For commercial reasons, all rubbish was to be removed from the business park.

Arups' strategy for land reclamation was extremely successful in terms of economic viability, timescale and elimination of pollution. In 1984 three million cubic metres of landfill were relocated to form an undulating country park together with a somewhat smaller volume of clay and gravel. Within 18 months of commencement of earthworks, the first building in the business park was ready for occupation, together with the surrounding landscape.

From 1981 on
Client:
Trust Securities Ltd.
Masterplanning:
Arup Associates

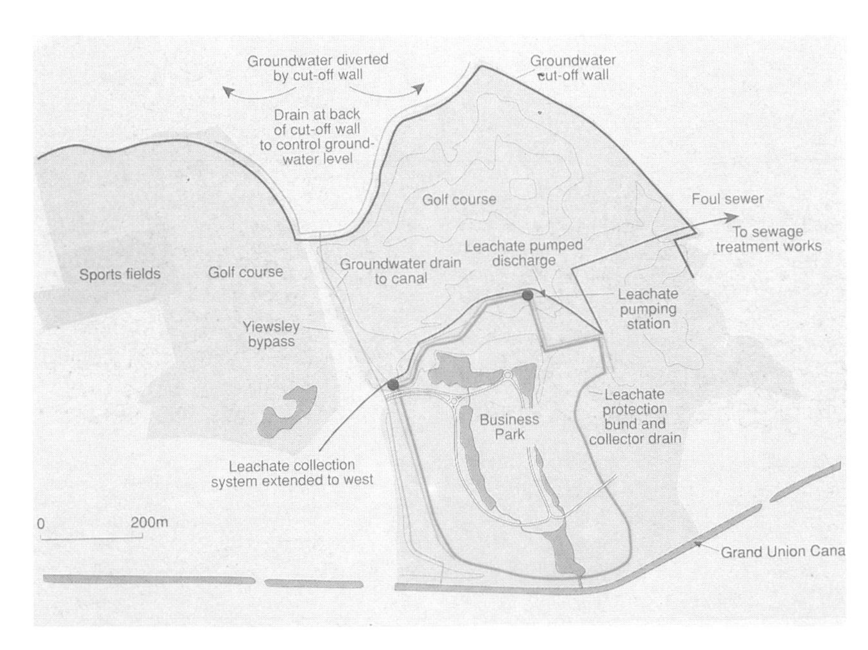

Lageplan von Stockley Park. Im Norden der Golfplatz, im Süden der Gewerbepark, südliche Begrenzung durch den Kanal.

Site plan of Stockley Park. Golf course to the north, business park to the south, the canal marks the southern boundary.

Der Gewerbepark heute.

The business park today.

Stockley Park während der Bodenarbeiten, die ersten Seen sind bereits angelegt (Zustand 1986).

Stockley Park during development; the first lakes have been created (1986).

Geotechnik

Es gibt wohl kaum einen Hoch- oder Tiefbau, bei dessen Planung und Errichtung auf den Rat des Geotechnikers verzichtet werden könnte, von Fragen der Standortwahl bis zu den Wirkungen von Erdarbeiten auf die Fassadenverkleidung.

In Arups geotechnischer Abteilung mit 200 Ingenieuren sind eine Vielzahl von Spezialdisziplinen wie etwa Geologie, Seismologie oder die Luftbildauswertung vertreten. Die Wechselwirkung zwischen Bauwerk und Untergrund hat unendlich viele Facetten, und die Modelle, die in Berechnungen einfließen sollen, müssen an die besondere Situation des Grundstücks und Bauwerks angepaßt werden. In jedem einzelnen Fall hat der Ingenieur die Parameter zu definieren auf der Grundlage vieler Einzelbeobachtungen, Laborversuche und Erfahrung aus dem Verhalten vergleichbarer Konstruktionen.

Fast jedes Arup-Büro hat seine eigene Geotechnikgruppe. Gebäudegründungen werden in engem Austausch zwischen Tief- bzw. Hochbauingenieuren und den Spezialisten aus der Geotechnik entworfen, insbesondere bei Projekten, deren Konstruktion oder statisches Verhalten während oder nach der Bauausführung durch Bodenbewegungen beeinflußt werden könnten. Bei den Fundamenten des Barbican Centre in den 70er Jahren und der British Library in den 80er Jahren, beide in London, hat Arup hier Pionierarbeit geleistet. Andere Beispiele sind Ausgrabungen in Hongkong und Fundamentarbeiten in Bangkok.

Ein spezielleres Projekt stellt die Entwicklung neuer Techniken zum Auffüllen, Verdichten und damit Stabilisieren aufgelassener Kalkstein-Minen dar. Und im Zuge der Untertunnelung des Ärmelkanals wurde eine Sicherheitsanalyse erstellt, bei der – erstmals für ein Bauingenieurprojekt – durch eine stufenweise probabilistische Risikoabschätzung der Einfluß der menschlichen, technischen und Umgebungsrandbedingungen untersucht wurde.

Bodensenkung auf dem Kricketfeld in Dudley, England.

Subsidence in Dudley cricket pitch, England.

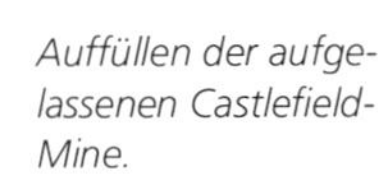

Auffüllen der aufgelassenen Castlefield-Mine.

Infilling the abandoned Castlefield Mine.

Rechts: Fundamente der British Library, London.

Right: Basement construction at the British Library, London.

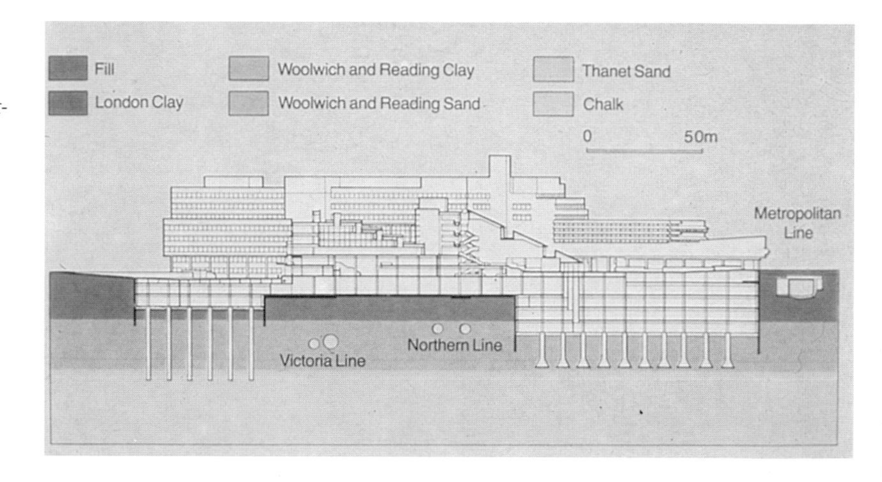

Verschiedene Arten von Bergbruch bei aufgelassenen Minen.

Various mechanisms of collapse in abandoned mines.

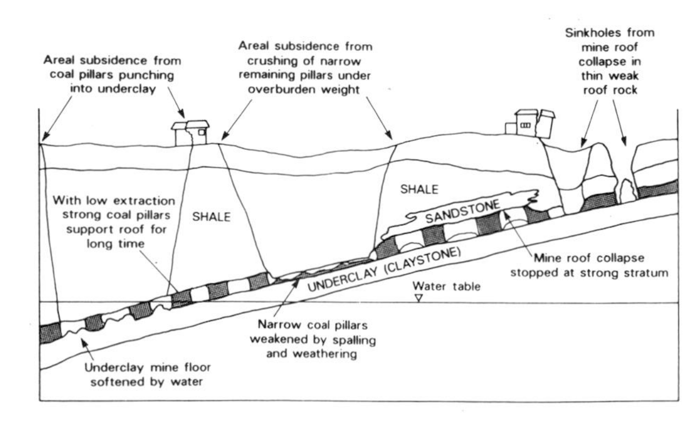

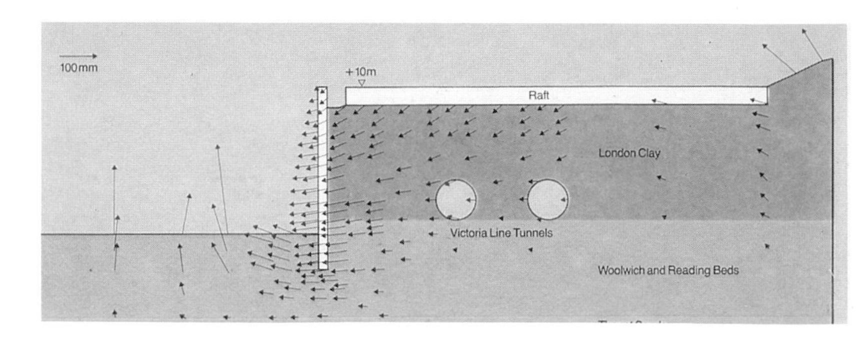

Geotechnics

There can hardly be a single project in building construction or civil engineering that does not call on the skills of the geotechnical engineer to advise on matters ranging from site selection to the effects of ground movements on cladding.

Arup Geotechnics have some 200 geotechnical engineers, many with special skills in areas such as geology, seismology or the interpretation of aerial photographs. The strength of the geotechnical team comes from an expertise that is based not simply on calculation but also on experience and creativity. Interaction between structure and soil is complex and the models used in calculation must be adjusted to the particular circumstances of every site and structure. In each case, the engineers have to define the parameters, using the results of site investigations, laboratory testing and experience drawn from the performance of comparable structures.

Virtually every Arup office has its own geotechnics group. Foundation design is an interactive collaboration beween civil/structural engineers and geotechnical specialists. Collaboration of this kind is especially important on projects where ground movement during or after construction can affect the structural design or performance. Arups' pioneering work on basement construction at the Barbican Arts Centre in the 1970's and the British Library in the 1980's are two examples. Others are excavations in Hong Kong and foundation works in Bangkok.

A more specialist geotechnical project by Arups was their development of new filling and sealing techniques to stabilise abandoned limestone mines, thus bringing the land above back into use. Another was risk analysis of the tunnelling work for the Channel Tunnel: For the first time in a civil engineering project, the effect of human, technical and marginal background factors could be assessed in a thorough stage-by-stage risk analysis.

Stützmauer eines Caissons, Happy Valley, Hongkong.

Caisson wall, Happy Valley, Hong Kong.

Schadenanalyse des Erdbebens in Mexiko, 1985.

Mexico earthquake damage survey, 1985.

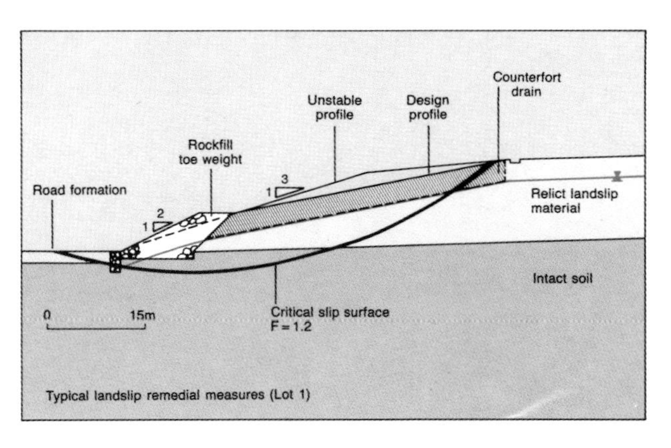

Maßnahmen gegen Erdrutsch bei Straßenbau zwischen Kinali und Sakarya, Türkei.

Landslip prevention measures during road construction between Kinali and Sakarya, Turkey.

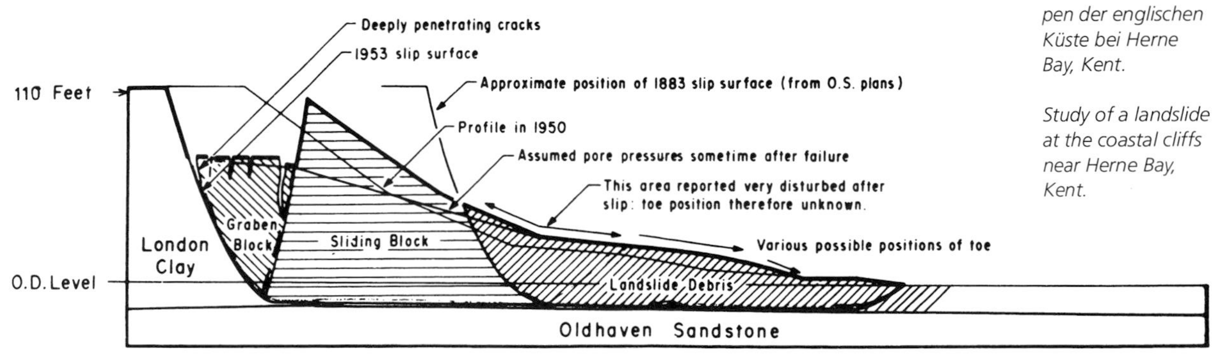

Studie eines Erdrutsches an den Klippen der englischen Küste bei Herne Bay, Kent.

Study of a landslide at the coastal cliffs near Herne Bay, Kent.

Geotechnische Arbeiten in der Cannon Street, London.

Geotechnical work at Cannon Street, London.

Ableitung von Regenwasser beim Straßenbau zwischen Songea und Makambako, Tansania.

Rain water gully, Songea–Makambako Road, Tanzania.

Sicherheitsanalyse für den Ärmelkanal-Tunnel.

Channel Tunnel Risk Analysis.

Guß des Betonfundaments.

Casting of the concrete base slab.

Bewehrung des Betonfundaments.

Base slab reinforcement.

Dimensionen: unter der Betonplatte die „Schürze", die sich in den Meeresgrund eingräbt.

Dimensions of the base slab and the skirt which settles into the sea bed.

Herausschleppen aus dem Graythorp Dock.

Towout from Graythorp Dock.

Europäischer Überschall-Windkanal bei Köln

Gesamtplanung in europäischer Kooperation

Von Deutschland, Frankreich, Großbritannien und den Niederlanden wurde ein Überschallwindkanal projektiert, der realistische Aussagen über das Verhalten von Flugzeugen während des Fluges gestatten soll. Die Planergemeinschaft aus Interatom GmbH (D), SGN (F), Sessia SARL (F), Comprimo (NL) und Ove Arup & Partners International Ltd. (GB) wirkte als Projektmanager des Bauherrn und behandelte die 30 Leistungspakete, die den gesamten Planungs- und Errichtungsprozeß umfassen, vom Projektmanagement über die Bauplanung bis hin zur maschinentechnischen Ausrüstung und der Entwicklung von Software für die Steuerung. Zu Arups Aufgaben gehörten die Elektrotechnik und die integrierte Maschinentechnik.

Der Windkanal von 5 bis 14 m Durchmesser erlaubt Geschwindigkeiten von 0,15 bis 1,3 Mach. Die hohe Zahl von jährlich 5000 Versuchsabläufen wird dadurch ermöglicht, daß die Versuche vollautomatisch computergesteuert ablaufen und daß Gebäude und Versuchsstände modular konzipiert sind. Die jeweilige Testeinheit umfaßt das zu untersuchende Modell, ein Traggestell, den entsprechenden Abschnitt des Windkanals samt Druck-/Dämmhülle sowie eine Instrumentenkammer. Sie werden in Arbeitszellen aufgebaut und vor dem Test stufenweise bis zu den geforderten Prüfbedingungen getrocknet und gekühlt.

Die tiefen Temperaturen werden dadurch erzielt, daß flüssiger Stickstoff mit 250 kg/s injiziert wird, das entspricht jährlich etwa 75'000 t. Die große Menge des ausgeblasenen Stickstoffs (15 t/min, tiefgefroren) warf zusätzliche Probleme auf, besonders die Gefahr der Nebelbildung in Flughafennähe und der Beeinträchtigung der Atemluft, deshalb erfolgt eine intensive Vermischung mit normaler Luft und Ableitung über einen 50 m hohen Abluftkamin.

Der Windtunnel, der zu den weltweit anspruchsvollsten maschinenbautechnischen Anlagen gehört, konnte innerhalb des vorgesehenen Zeit- und Kostenrahmens fertiggestellt werden.

Planung/Bau: 1986–1993
Bauherr: ETW GmbH
Planergemeinschaft: INA-ETW (Industrial Architect-European Transonic Windtunnel)
Sonderberater für spezielle Baufragen: Arbeitsgemeinschaft CEA (Lahmeyer International, Weidleplan, Dorsch Consult, alle D)
Ausführung (u.a.):
für das Bauwerk: Strabag (D, federführend), Wimpey (GB), Strabag BV (NL)
für den Windkanal: Babcock Energy and British Stainless Steel (GB)
für Motor und Kompressor: Turbo Lufttechnik (D), Cegelec (F), Aero Construct (GB)

Die erreichbaren Reynoldszahlen im Europäischen Windkanal.

Maximum achievable Reynolds numbers in the European Wind Tunnel.

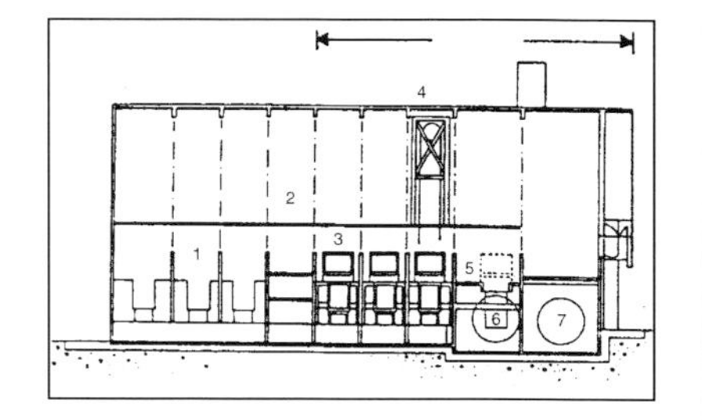

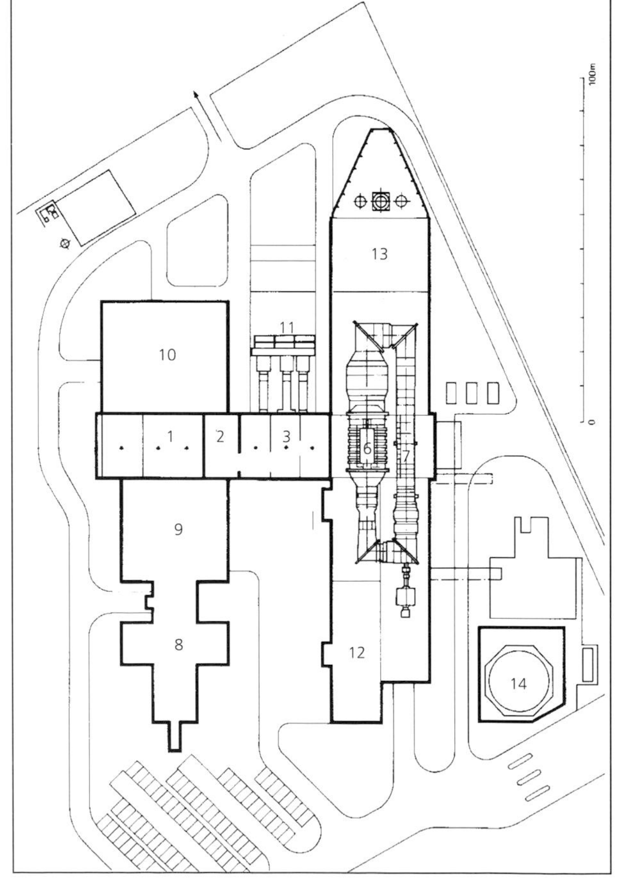

Schnitt und Grundriß: 1 Vorbereitung, 2 Luftschleuse, 3 Abkühlung, 4 Kran, 5 Fahrbare Bühne, 6 Versuchszone, 7 Windkanal, 8 Bürobereich, 9 Steuerzentrale, 10 Nebenräume, 11 Klimaanlage, 12 Maschinenraum, 13 Abluft, 14 Tank für Flüssigstickstoff.

Plan and section: 1 Preparation rooms, 2 Airlock, 3 Cold rooms, 4 Crane, 5 Cart, 6 Test section, 7 Tunnel, 8 Office building, 9 Control room, 10 Support building, 11 Air conditioning area, 12 Drive building, 13 Blow off building, 14 Liquid nitrogen tank.

European Transonic Wind Tunnel near Cologne, Germany

Joint European Planning Effort

This joint project, funded by Germany, France, Britain and the Netherlands, provides advanced aerodynamic test facilities to analyse the behaviour of aircraft in flight. The planning consortium for the project was made up of Interatom GmbH (D), SGN (F), Sessia SARL (F), Comprimo (NL) and Ove Arup & Partners International Ltd. (GB). It operated as the project manager for the client and prepared the functional design specifications for the 30 work packages; these ranged from project management and construction planning to machinery and plant design and the development of software for system control. Arups own design work included the electrical design and the integrated plant engineering.

The wind tunnel has a diameter of 5 to 14 m and can support test speeds of between 0.15 and 1.3 Mach. The high projected figure of 5,000 tests per year is made possible by fully computerised control systems and the modular arrangement of both the building and the test stands. Each module consists of the model itself, a support structure, part of the test section wall with pressure and insulation shell, and instrumentation cabin for local data processing. These are mounted on special transport carriages and gradually cooled and dried to the requisite test conditions. The low temperatures are achieved by injecting liquid nitrogen at 250 kg/sec (approximately 75,000 tonnes per year). The problem of venting ultra-cold gaseous nitrogen (15 t/min) was given special consideration in view of the dangers of fog formation in an area close to the airport, and the potential effects on the local population; before being directed out of a 50 m high stack outlet, the gas mixed with large quantities of atmospheric air.

The project is one of the most advanced mechanical engineering installations in the world. Its successful completion – on time and within budget – is an impressive achievement, the result of a truly European effort.

Planning/Construction: 1986–1993
Client: ETW GmbH
Planning consortium:
INA-ETW (Industrial Architect-European Transonic Windtunnel)
Civil and building work detailed design:
Arbeitsgemeinschaft CEA (Lahmeyer International, Weidleplan, Dorsch Consult, all D)
Contractor (construction):
Strabag (D, lead contractor), Wimpey (GB), Strabag BV (NL)
Contractor (wind tunnel):
Babcock Energy and British Stainless Steel (GB)
Contractor (motors, drive compressors):
Turbo Lufttechnik (D), Cegelec (F), Aero Construct (GB)

Links: Injektion des flüssigen Stickstoffs in den Windkanal. Rechts: Vorbereitungen für einen Test im Windkanal.

Left: Liquid nitrogen injection into the wind tunnel. Right: Preparations for a test in the wind tunnel.

Hochtechnologie

Zu Beginn der achtziger Jahre hatte Arup durch seine Arbeit mit Hochhäusern und Industriebauten viel Erfahrung mit der dynamischen Analyse von Tragwerken gesammelt. Die computergestützte statische Analyse von schlanken Konstruktionen hatte Spezialkenntnisse aufgebaut, die man nun auch Auftraggebern aus der Industrie (und nicht nur aus dem Bauwesen) anbot. Im Zuge dieser Bemühungen ergab sich die Gelegenheit, an einem großen Projekt für den Transport von Nuklearbrennstoff für das Kernenergieprogramm mitzuarbeiten und extreme Unfallszenarios und deren Konsequenzen zu erforschen. Dazu gehörte die Entwicklung von rechnergestützten Techniken für die Voraussage des Verhaltens von Transportverpackungen unter Einwirkung großer Stoßkräfte. Damit betrat Arup neue Gebiete der nichtlinearen Dynamik und der Studien über Stöße und Kollisionen. Auch realistische Versuche gehörten dazu, darunter der inszenierte Zusammenstoß einer Zuggarnitur und eines Tiefladers samt Behälters für radioaktive Stoffe.

Aus diesem Projekt erwuchs die intensive Beschäftigung mit einer Vielzahl von Tragwerken im Maschinenbau unter extremen Belastungen. Die entwickelten Techniken der Kollision und der nichtlinearen Analyse wurden nun auch für die petrochemische, Automobil-, Luftfahrt- und Eisenbahnindustrie angewandt.

Zunächst erschien diese Entwicklung marginal im Vergleich zu den ursprünglichen Hauptaufgaben des Ingenieurbüros, aber dann zeigten sich doch wichtige Verbindungslinien, denn die Studien über das Verhalten unter extremen Belastungen – wie zum Beispiel Stößen – verlangen höchste Kenntnisse auf dem Gebiet der statischen Analyse.

Ein ganz anderes Beispiel für die Anwendung hochentwickelter Analysetechniken ist das JET-Projekt (Joint European Torus), das den Magnetschild für eine Kernfusionskammer entwickelt, in der ein 7 MA-Plasmastrom Temperaturen von mehreren Millionen Grad erzeugen wird.

Finite-Elemente-Analyse der Personensicherheit im PKW.

Crashtest mit Frontalaufprall. Studie für Rover.

Finite element analysis of occupant protection in private vehicles.

Frontal impact crash test. Rover study.

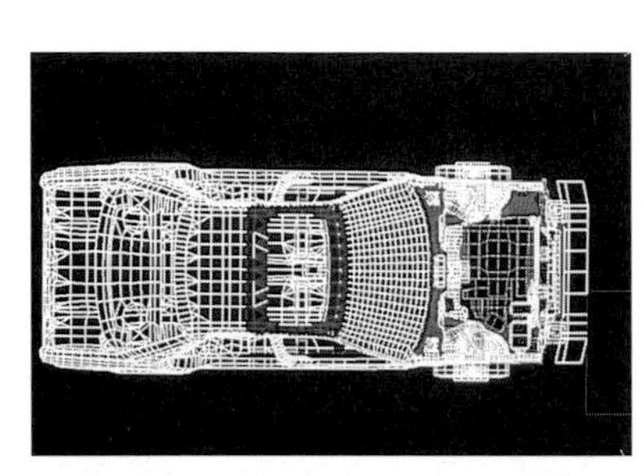

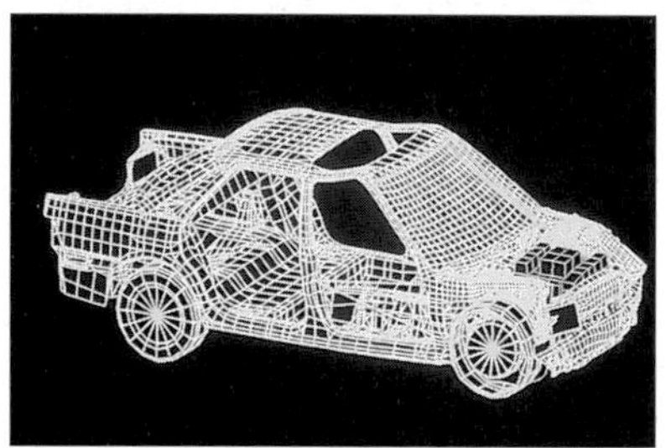

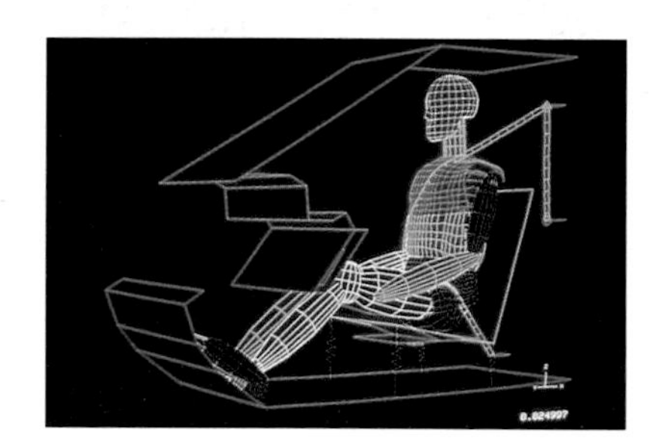

Rechts: Brent „C" Plattform, Nordsee (Analyse der Wirkung von Wellengang und Windkräften auf den 100 m hohen Stahlturm).

Right: Brent "C" flare tower, North Sea (dynamic analysis of wind and wave impact on the 100 m high tower).

Rechts außen: Der „Joint European Torus" (JET). Zum Größenvergleich: in der Mitte des Bildes unten steht ein Mensch.

Far right: The Joint European Torus (JET). The figure of a man in the lower half of the picture indicates the size.

Kollision eines Zuges mit einem Nuklearbehälter: Phase der Ablaufsequenz und Realsimulation.

Train/nuclear flask collision test: collision sequence phase, test simulation.

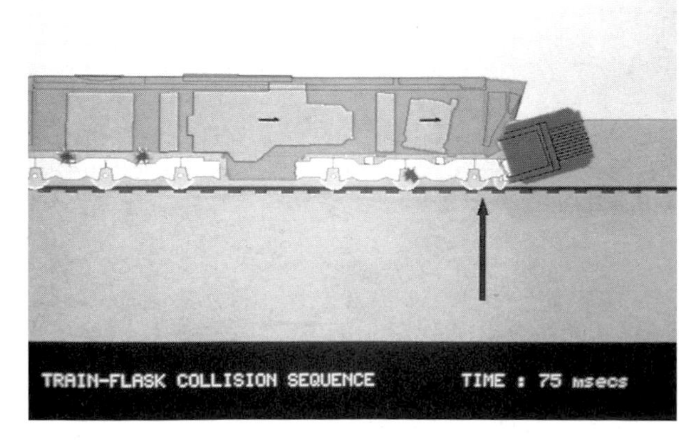

By the early 1980's, Arups had gained considerable skill in structural dynamics from their work on tall buildings and industrial structures. Computer-based dynamic analysis of slender on-shore and off-shore structures had become a specialist capability, and several engineers were looking towards industrial (as opposed to architectural) clients. As these contacts expanded, an opportunity arose to work on a major project associated with the transportation of nuclear fuel for the civil nuclear power programme, looking into extreme accident scenarios and their consequences. This work involved the development of computer-aided predictive techniques for the behaviour of transport packages under severe impact conditions and lead Arups into new fields of non-linear dynamics and impact/collision studies. It also included performance tests, for example the staging of a crash between a train and a low-loader carrying fuel flasks for radio-active materials.

Out of that project grew a strong interest in looking at a wide range of mechanical engineering structures under extreme loads. The application of impact and non-linear analytical techniques rapidly spread to the petrochemical, automotive, aerospace and railway industries.

At first sight, this development appeared tangential to the firm's mainstream activities but, under closer examination, the new venture bore striking resemblances to the original activities of Arups: to study the behaviour of structures under the most complex of loading conditions – such as impact – required the development of structural analysis to the highest degree.

A different example of the application of advanced analytical techniques is the Joint European Torus JET, where Arups are the consultants for the analysis of mechanical and thermal loads on the shell and structure. The project aims at developing a magnetic shield for a nuclear fusion chamber, where a plasma current of 7 MA will result in temperatures of several million degrees celsius.

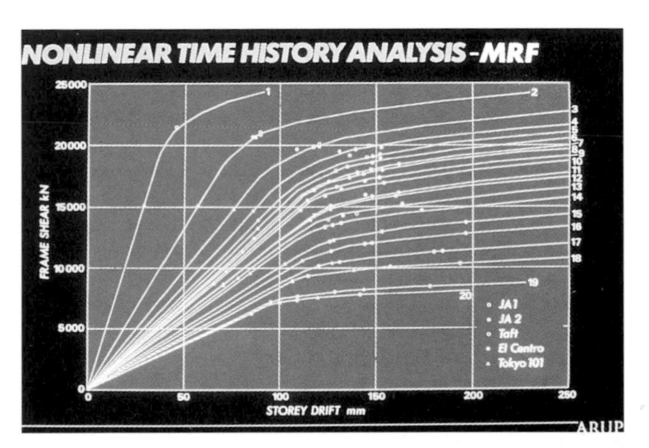

Century Tower, Tokio, 1991, Architekten Foster Associates. Nichtlinearer Verformungsverlauf.

Century Tower, Tokyo, 1991, architects Foster Associates. Plot of non-linear time history seismic analysis.

Forschung und Entwicklung

Bautechnologische Innovationen entstehen nicht nur aus formaler Forschungs- und Entwicklungsarbeit, so wichtig sie sein mag, sondern auch Schritt für Schritt aus konkreten Projekten, wenn die Auftraggeber nicht einfach nach bekannten Lösungen für bekannte Probleme, sondern nach besseren Lösungen verlangen.

Solange die Entwurfsarbeit als eine Abfolge isolierter Ereignisse behandelt wird, bleibt der Prozeß des Lernens aus Innovationen langsam und zufällig. Doch es gibt Wege, dies zu systematisieren. In einem Entwurfsbüro kann die Forschungs- und Entwicklungsarbeit dann besondere Formen annehmen.

In der Forschungs- und Entwicklungsgruppe von Arup arbeiten Fachleute auf unterschiedlichen Gebieten, z. B. in Materialwissenschaft, mit den entwerfenden Ingenieuren innovativer Projekte zusammen. Durch Kooperation mit dieser Kerngruppe können Ingenieure aller Abteilungen von den in anderen Projekten gewonnenen Erfahrungen profitieren.

Ein Beispiel dafür ist die Verwendung von Gußstahlelementen in den Tragwerken einer Reihe von Bauten, die 1973 mit dem Centre Pompidou begann. Seit 20 Jahren sind auf diesem Gebiet wichtige Fortschritte gemacht worden, ohne daß es jemals ein formalisiertes Forschungsprojekt darüber gegeben hätte.

Die Spezialisten in der Forschung und Entwicklung bereiten auch Informationsmaterial zur Verteilung in der Firma vor und produzieren Entwurfshandbücher und Computerprogramme zur Unterstützung der Projektteams. Aus ihren Studien für verschiedene Forschungseinrichtungen gehen häufig Publikationen hervor.

Aus der unterstützenden Arbeit heraus können sich eigenständige Beratungsbüros für Spezialbereiche entwikkeln. Ein Beispiel dafür ist die Arbeit auf dem Gebiet des Brandschutzes, die innerhalb der Forschungs- und Entwicklungsgruppe begann und heute von einer eigenständigen Spezialeinheit, Arup Fire, geleistet wird.

Gußstahlelemente: „Gerberetten" am Centre Pompidou, Knoten an Alban Gate und dem Sportzentrum Ponds Forge.

Steel castings: "Gerberettes" of Centre Pompidou, nodes of Alban Gate and Ponds Forge International Sports Centre.

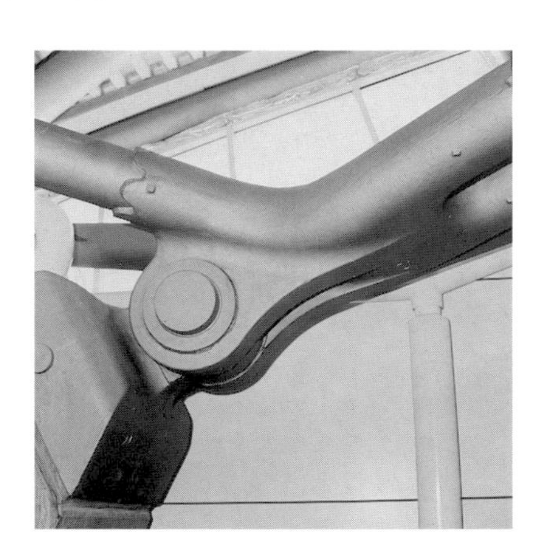

Knoten aus Gußstahl an den Enden der Dachträger des Internationalen Sportzentrums Ponds Forge.

Cast steel node at each end of roof trusses, Ponds Forge International Sports Centre.

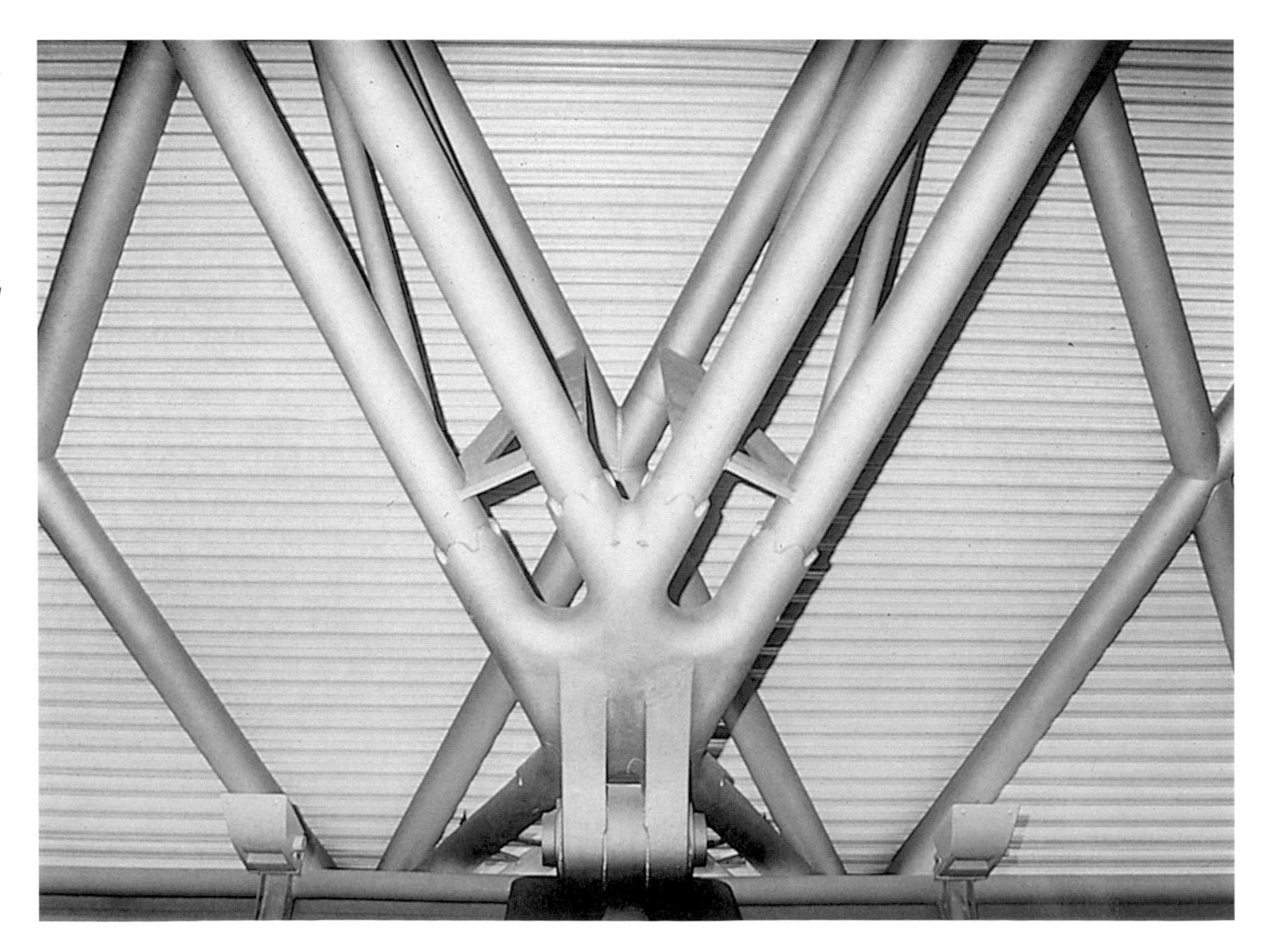

Innovation in the construction industry does not only come from formal research and development, important as that may be. Progress is made through innovative steps on real projects. Many clients do not simply ask for known solutions to known problems, but for better solutions.

If the design is treated as a series of isolated events, the processes of learning and feedback from innovations will be slow and haphazard. However, there are ways in which they can be systematised. R & D in a design organisation can then take on a special form, tailored to the nature of the activities that drive the business.

In the Arup R & D Group, experts in different skills, for example in materials science, work with the design engineers, particularly on innovative projects. By working with these core specialists, designers from all parts of the firm can benefit of the experience built up on other projects.

An illustration of this can be seen in the sequence of projects using steel castings in structures, starting with Centre Pompidou in 1973. Over a 20 year period, significant advances have been made in the application of steel castings for structures, but at no time has there been a formal research project on the topic.

In addition to their work on live projects, the R & D specialists prepare feedback material for distribution throughout the firm, as well as design guides and computer programs to support the design teams. Their studies for research associations and other bodies frequently result in state-of-the-art publications.

This type of support activity can lead to the development of a full specialist consultancy. For example, work on fire safety started within the R & D Group, but has now become a distinct specialist unit, Arup Fire, within the firm.

In their field they are now one of the foremost consultancies applying science and engineering to the practical issues of fire safety in today's construction projects.

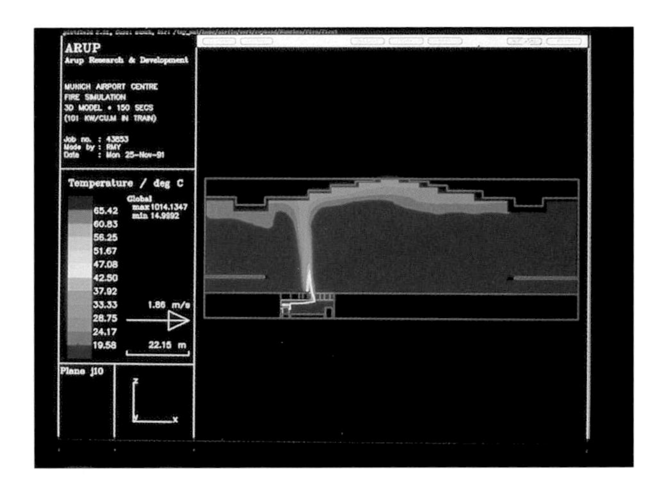

Flughafenzentrum München, Brandsimulation.

Munich Airport Centre, fire simulation.

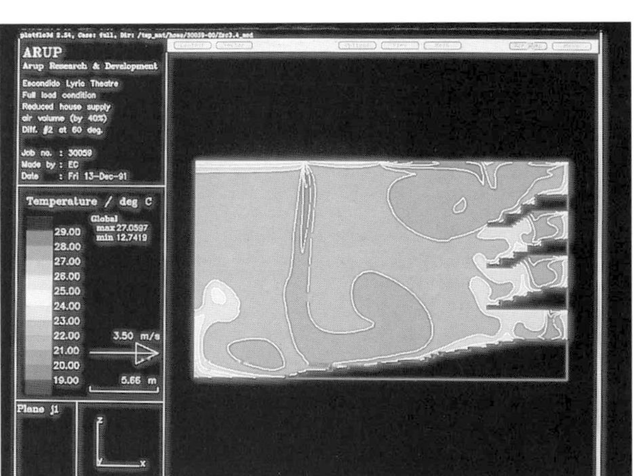

Theater in Escondido, USA, Temperaturverteilung im Saal.

Escondido lyric theatre, interior temperatures.

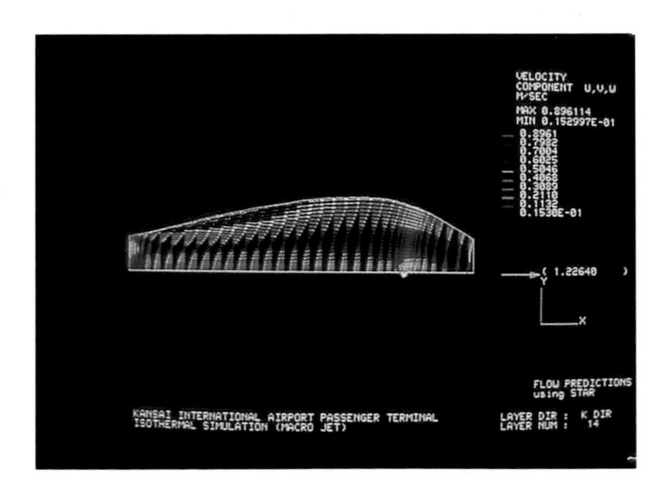

Flughafen Kansai, Analyse der Luftströmung in der zentralen Halle.

Kansai Airport, analysis of air flow in main hall.

Ove Arup & Partners

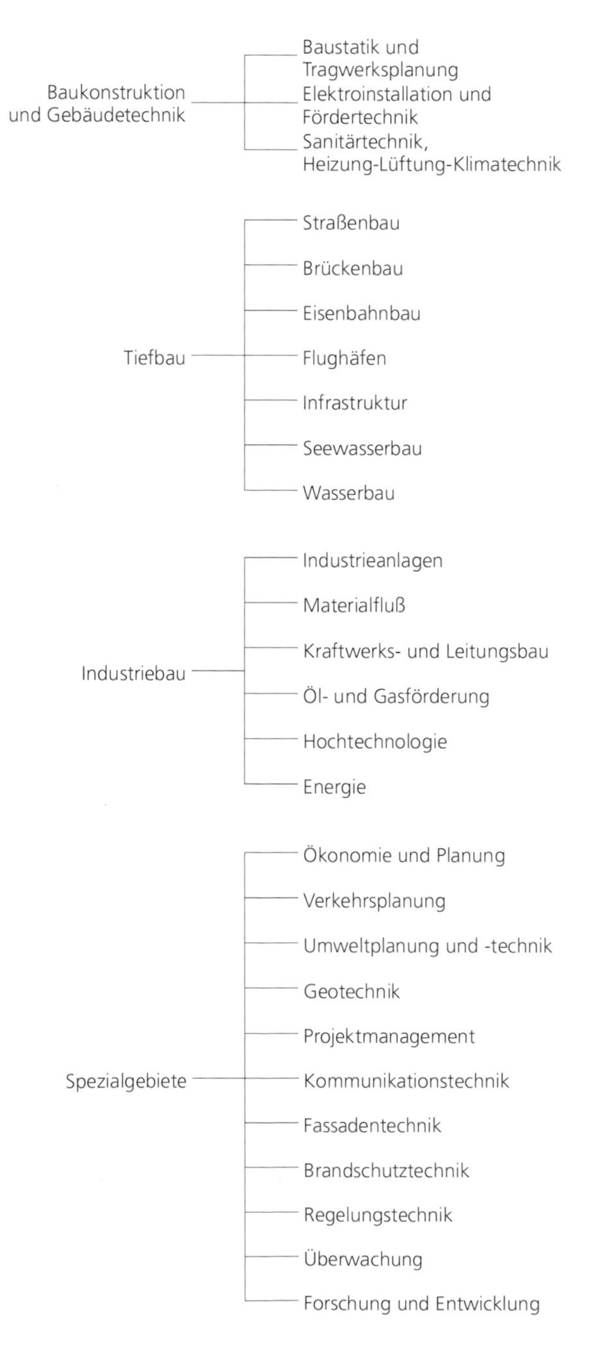

Arbeitsbereiche im Ingenieurwesen

Ove Arup und seine Firma waren ursprünglich auf dem Gebiet der Tragwerkskonstruktion und hauptsächlich des Stahlbetons und seiner Anwendung in Skelettkonstruktionen, Faltwerken und Schalen beheimatet. Es kam die Haustechnik hinzu, und in den bis heute folgenden Jahrzehnten haben sich ihre Arbeitsbereiche derart ausgedehnt, daß sie eigentlich das gesamte *built environment*, die gebaute Umwelt, zum Gegenstand haben.

Nachdem wir versucht haben, das Modell der Firma und einzelne Projekte – die auch für verschiedene Bautypen und für die drei Hauptbereiche Hochbau, Tiefbau, Industriebau stehen – zu zeigen, wollen wir nun einen Blick darauf werfen, auf welchen Gebieten das Büro arbeitet – und vor allem, wie es das tut und welchen Beitrag es für die Ingenieur- und Baukultur geleistet hat.

Trotz aller differenzierten organisatorischen und rechtlichen Untergliederung stehen nicht die verschiedenen Sektionen oder Teilfirmen im Mittelpunkt, sondern *fields of activity*: Arbeitsbereiche, die sich laufend parallel mit den Technologien und Märkten verschieben. Zum Zeitpunkt der Arbeit an diesem Buch bot sich uns folgendes Bild dar – das sicher unvollständig bleibt:

- Baukonstruktion und Gebäudetechnik, wo die klassischen Aufgaben von Baustatik und -entwurf bearbeitet werden, ebenso aber auch die Haustechnik mit dem gesamten Heizungs-, Lüftungs-, Sanitär- und Elektrobereich.
- Tiefbau mit den Infrastrukturaufgaben (Straßen-, Eisenbahn- und Wasserbau, Brücken- und Tunnelbau etc.), bei denen Arup meist als Generalplaner auftritt. Dabei ist Arup verantwortlich für alle Bereiche der Planung und des Entwurfs, der Vertragsgestaltung, Dokumentation und Koordination, nimmt auch weitere Fachleute in Vertrag und zeichnet für deren Leistung verantwortlich. Hier haben sich auf dem Gebiet des herkömmlichen Tiefbaus mehrere Spezialgebiete wie städtische und ländliche Infrastruktur sowie See- und Binnenwasserbau herausgebildet; andere, wie die Verkehrsplanung, haben sich hier entwickelt und sind inzwischen als eigenständige Spezialberatungsbüros innerhalb der Firma etabliert.
- Industriebau bis hin zu Gesamtplanungen für komplette Fabriken und ganze Industrieparks. Hier sind auch Spezialisten angesiedelt für den Erdölbereich, Förderung und

Ove Arup & Partners

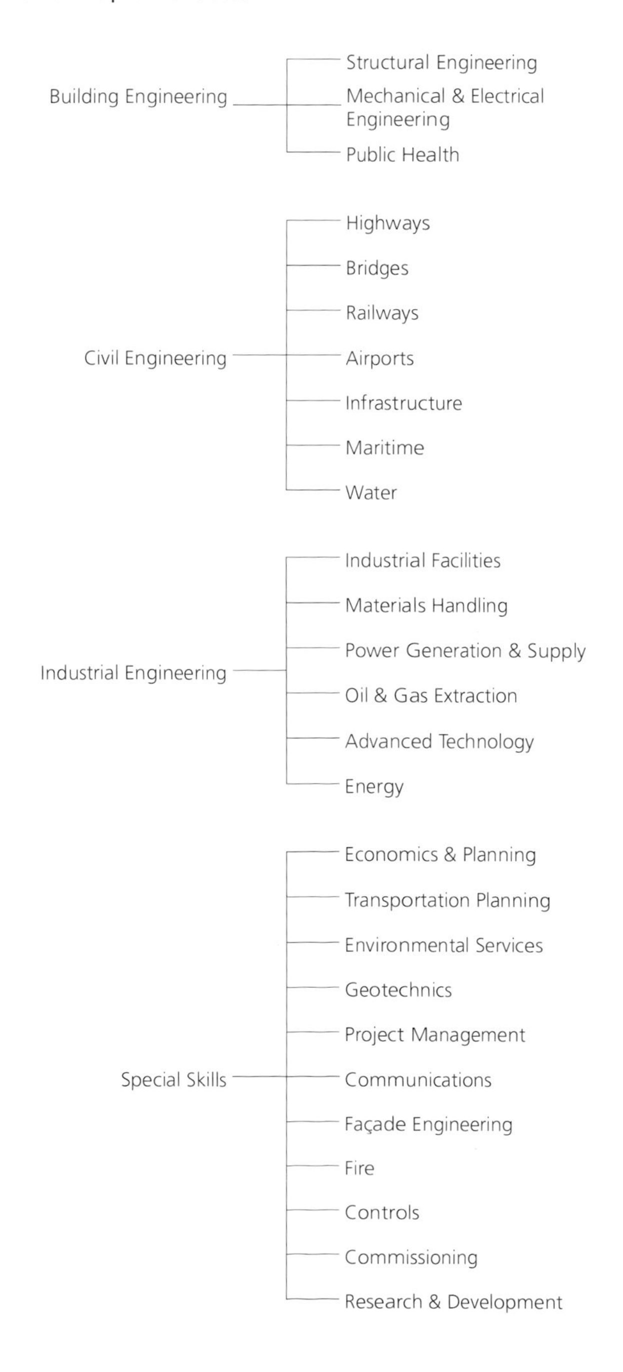

Fields of Activity

Ove Arup and his practice began their work in structural engineering, chiefly in reinforced concrete, with a particular emphasis on the architectural use of concrete in framed structures, folded plates and concrete shells. Building services design was established later, and in the decades that followed the Partnership's activities have expanded to include all aspects of engineering related to the built environment.

We began our portrait by attempting to show the organisational model on which the firm is based and some of the individual projects that have resulted, representing a variety of building types and the three main areas of structural, civil and industrial engineering. Now we would like to shift attention to the various fields in which Arups are active, and especially to their style of work and the contributions that they have made to the culture of engineering and architecture.

Despite the legal and organisational differences between its various parts, the practice has always maintained a focus on fields of activity rather than on various sections or subsidiaries. Arups define "fields of activity" as work sectors which constantly develop and change according to the needs of technologies and markets. When we started work on this book, the principal fields that we identified (and we have doubtless overlooked some) were:

- Building Engineering, which encompasses the classic tasks of structural engineering analysis and design along with building services engineering with the full range of HVAC, electrical and public health services design.
- Civil Engineering, which covers infrastructure projects (highways and railroad design, water projects, bridges, tunnels, etc.), usually with Arups in the rôle of prime agent. As such, they are in charge of all aspects of design, contract documentation and procurement, and employ and are responsible for all the other consultants. Several special areas, such as urban and rural infrastructure, maritime and water engineering, have evolved within Civil Engineering; others, such as transportation planning, developed in the division and have since been established as separate specialist consultancies within the practice.
- Industrial Engineering, which undertakes a range of commissions, including the comprehensive planning of in-

Erweiterung Staatsgalerie Stuttgart, 1984, Architekten James Stirling & Partners, Ingenieure (Tragwerk, Geotechnik und Haustechnik) Ove Arup & Partners.

Extension of Staatsgalerie, Stuttgart, Germany, 1984, architects James Stirling & Partners, engineers (structural, geotechnics and building services) Ove Arup & Partners.

ein Projekt überhaupt erst zu entwickeln. Bei den ersten Treffen gibt es kein Programm, nur eine Erwartung. Um es mit Otl Aicher zu sagen: Statt einer vorgegebenen Suchstraße von Abzweigung zu Abzweigung zu folgen, geschieht das gemeinsame Erarbeiten wie ein Vogelflug; das analoge Suchen wie auf einer Karte statt entlang einer Straße ist wichtiger als das digitale Stottern mit dem Computer, wo sofort Nachweise zu berechnen wären. Man versucht zum Kern der Probleme zu kommen, der Intellekt und nicht die Statik bestimmt das Gebäude, der Dialog aller Beteiligten ist entscheidend. (Dies muß immer wieder neu erkämpft und durchgesetzt werden, denn es wird heute durch einen enormen Zeitdruck hin zur Ausführungsplanung erschwert, und es droht die Gefahr einer Trennung des Entwurfsprozesses vom Bau, weil zunehmend Projektmanager als Barriere dazwischengesetzt werden.) Man entwickelt verschiedene Alternativen, der Entwurf kommt auf den Prüfstand; in Modellversuchen, Berechnungen und Computersimulationen mit Prototypen und Modellteilen im Originalmaßstab wird das Verhalten überprüft. Die schönsten Momente, „the buzz moments", sind es, „when the concept is licked", wenn die Elemente und Ideen plötzlich in einem funktionierenden Entwurf zusammenschießen.

Bauherren

Bauherren

Verbindungen zu Bauherren stellen sich auf ganz unterschiedlichen Wegen her. Manchmal wählen sie selbst das Büro aus, manchmal sind es die Architekten, die Arup empfehlen. Manchmal werden die Honorare ausgehandelt, doch immer häufiger findet die Entscheidung über die Auftragsvergabe im Preiswettbewerb statt, und diese Quantifizierung von manchmal kaum vorauszusehenden Leistungen ist natürlich eine fragwürdige, instabile Grundlage für die Zusammenarbeit. Bei Arup ist man der Meinung, daß die Vergabe von Ingenieurleistungen, genauso wie die Vergabe von Entwurfsleistungen, über den Preis eigentlich nicht geregelt werden kann.

Bauherren müssen manchmal auch erzogen werden, findet man bei Arup; nicht nur die richtigen Lösungen, sondern auch die sinnvollen Zielvorgaben gilt es manchmal erst gemeinsam zu definieren. William Alsop merkte einmal an, daß man als Architekt mit Arup oft weiter gehe, als der Bauherr es will – und die so gefundenen Lösungen vielleicht fünfzehn Jahre später als fester Bestandteil der ausgeschriebenen Programme erscheinen. Natürlich stehen manche Bauherren unter einem Zeitdruck – der zuweilen sogar entscheidender ist als die direkte Geldfrage –, der ihnen den Mut zu solch einer engen, intensiven, anspruchsvollen Zusammenarbeit zu nehmen droht. Auch wird wie gesagt die Position des Projektmanagers immer bedeutender, und er kann zu einer Barriere zwischen Bauherrn und Architekt werden. Wegen des Anspruchs eines intensiven Austauschs zwischen Planern und Auftraggebern gilt Arup bei manchen als arrogant oder stur, aber zu Unrecht.

Interessant ist, daß nach getaner Arbeit die Zusammenarbeit noch weitergeht. Nach Fertigstellung eines Projektes bemüht sich Arup gründlich um eine Revision. Zusammen mit Toyota wurde beispielsweise eine intensive Überprüfung der Leistungen für das Automobilwerk vorgenommen. Man hatte gemerkt, daß manche Erfordernisse falsch verstanden worden waren, und versuchte daraus zu lernen.

Ein wichtiger Auftraggeber ist naturgemäß die britische Regierung, insbesondere bei Infrastrukturmaßnahmen. So kommt es Arup zugute, daß man vor einigen Jahren eine öffentliche Straßenbauabteilung übernommen hat und daher über ausgezeichnetes Insiderwissen verfügt, vor allem in Verfahrensfragen und in der Erfüllung der Baurichtlinien. Eine besondere Form der Zusammenarbeit sind hier die sogenannten BOOT-Jobs („Build – Own – Operate – Transfer"): Dabei wird ein Projekt privat vorfinanziert und so lange betrieben, bis die Erlöse aus Maut und Gebühren die Ausgaben decken, und dann an die öffentliche Hand kostenlos übergeben. So entstand beispielsweise eine 2,8 km lange Hängebrücke über die Themse und eine ähnliche Lösung bei der zweiten Überbrückung des Severn. Hier kam es zur Zusammenarbeit mit Arup, die zum Angebot von Trafalgar House eine Lösung für das Brückentragwerk beitrugen, basierend auf einem A-förmigen Rahmen, leicht zu errichten, einfach und kosteneffektiv. Aufgrund dieser Erfahrung hat Trafalgar House später Arup zum Bau einer Entlastungsstraße in Birmingham für alle technischen und einige Umweltfragen hinzugezogen.

Bauindustrie

Bauindustrie

Die Zusammenarbeit mit den Ausführenden ist häufig durch die grundsätzliche Trennung von Planung und Ausführung belastet. Hier hilft nur die Überzeugung: Es darf nicht sein, daß diese Trennung das Gefühl der Gesamtverantwortung für ein Projekt zerstört. Bei außergewöhnlichen Planungen, etwa dem neuen Einsatz von Naturstein als tragendem

Kunstmuseum, Rotterdam, 1993, Architekt Rem Koolhaas, Tragwerks- und Haustechnikingenieure Ove Arup & Partners.

Art Museum, Rotterdam, Netherlands, 1993, architect Rem Koolhaas, structural and building services engineers Ove Arup & Partners.

Clients

Appointments come through a variety of paths. In some cases the client selects Arups, in others it is the architect who recommends them. Sometimes fees are negotiated, but more and more frequently the decision on which consultant to appoint is the subject of competitive bidding. This quantification of sometimes entirely unforeseeable services is, needless to say, a very questionable and unstable basis for cooperation. At Arups there is a view that awarding engineering services – precisely like awarding other design services – cannot be determined through price.

On occasion clients have to be educated, say Arups' engineers; not only the right solutions but sometimes also meaningful objectives must first be jointly defined. William Alsop once noted that architects who work with Arups often end up going farther than the client wants them to – with the solutions thus discovered re-appearing as established parts of competition programs perhaps fifteen years later. However, clients sometimes feel pressures which make them shy away from such a close, intensive, demanding form of cooperation – such as the pressure on their own time, which is sometimes even more important than the question of money. The position of the management contractor is also assuming increasing significance; he can be a barrier between the client and the designers. Because of their demanding view on the need for intensive cooperation between designers and clients, Arups are sometimes regarded as arrogant or stubborn, but unjustly so.

Cooperation continues when the work is done. It is interesting that Arups always make an effort to carry out an inspection after the completion of a project. In the Toyota project, for example, Arups joined with the client to carry out an intensive reevaluation of the services provided for the automobile factory.

The British government is an important Arup client, particularly in infrastructure projects. Here Arups have benefitted from their takeover of a public road-construction department several years ago, which provided them with excellent insider knowledge, especially in questions of procedure and compliance with government regulations. A special form of client cooperation is required by so-called BOOT jobs (Build-Own-Operate-Transfer). BOOT projects are pre-financed privately and then operated until the income from tolls and fees cover the expenses, at which point they are then handed over to the government at no cost. This was the approach used for the construction of a 2.8-km-long suspension bridge over the Thames and a similar solution in the construction of the second bridge over the river Severn. Here events led to collaboration with Arups, who contributed to the Trafalgar House bid a solution for the supporting structure based on an A-shaped frame that was easy to build, simple and cost-effective. On the basis of this experience, Trafalgar House turned to Arups again when bidding on a by-pass road in Birmingham, appointing them as consultants on all technical matters, including those relating to the environment.

Building Industry

Cooperation with those executing the project is often complicated by the separation of design and implementation. The remedy here is the conviction that this separation cannot be allowed to destroy the sense of overall responsibility for a project. In the case of unusual designs, such as the use of natural stone as a structural element at the Pavilion of the Future in Seville or the structural glazing at the Musée des Sciences et de l'Industrie in Parc de la Villette in Paris, it is clear from the beginning that engineers have to be prepared to put themselves behind their work and to assume their share of responsibility for the methods used to execute their designs.

As far as the construction process itself is concerned, Arup engineers share, to a certain degree, the aversion of high-tech architects to imprecise, slow, conventional "wet" implementation on the construction site. Yet, more efficient methods using prefabricated elements and dry trades also have their drawbacks; they make designers more dependent on products and techniques that have been developed to suit industry practice and cannot readily be adapted to an unusual design. "The language of the standardised industrial product, the I-section, the tube, has dominated the individuality," said Peter Rice. "The real issue in design must be to break the mould of industry controlled predictability which dominates so much."[13] His particular strategy and skill were to take advanced technologies and materials and adapt them to new contexts, thus emphasizing the human grip on a world otherwise governed by conventions and necessities. There are other answers to these challenges of innovation; the important point is that, if the engineers have sufficient understanding of the fundamentals of the industrial processes and are

Clients

Building Industry

13 Exploring Materials, op. cit.

Centre Pompidou.

Knotenpunkte der Gußstahl-Elemente.

Nodes of cast steel parts.

Bracken House, London, 1991.

Auflagerpunkte des Stahl-Bronze-Tragwerks auf Steinpfeiler.

Point of support of steel and bronze structure on stone pillar.

Dabei stand man durchaus in der modernen Tradition einer klaren Unterscheidung zwischen tragenden und nichttragenden Teilen, zwischen dienenden und bedienten Elementen im Dienste einer klaren, „ehrlichen" Architektur und Ingenieurbaukunst. Mit zunehmender industrieller Vorfertigung wuchs der Anspruch, die Ablesbarkeit des Tragverhaltens mit herstellungstechnischer Ökonomie zu verbinden. Frühe High-tech-Tendenzen verbanden sich mit einem neuen Verständnis der sozialen Aufgabe und öffentlichen Wirkung von Architektur und mit der Begeisterung an scheinbar unbegrenzten technischen Möglichkeiten. Diese Entwicklung gab der Ingenieurtechnik einen neuen Stellenwert, sie verlangte vom Ingenieur, ein vielseitiges Repertoire in den Dienst des Experiments und der ungewöhnlichen Lösungen zu stellen, und dies traf genau die Stärken und das Selbstverständnis von Ove Arup & Partners, die die neue Baukultur mit einer neuen Ingenieurkultur begleiteten.

So fand man beispielsweise für das Centre Pompidou ein System wassergefüllter Stahlsäulen, und um die enormen Spannweiten zu ermöglichen und dabei die Dimensionen der Hauptträger gering zu halten, entwickelte man in umfangreicher Arbeit nach dem Wettbewerbsentscheid eine Art Waagebalken. Für Lloyd's in London dachten die Architekten und Arup zunächst an eine Stahlkonstruktion, doch die Feuersicherheit hätte eine weitgehende Verkleidung erfordert, und so wählte man konsequenter und 'ehrlicher' ein Stahlbetonsystem. Beim Century Tower in Tokio, wo die Erdbebensicherheit eine große Rolle spielt, wurde als Haupttragwerk ein exzentrisch ausgesteifter Rahmen in doppelgeschossiger Ordnung entwickelt, der im Inneren flexible Zwischengeschosse ermöglicht und außen an der Fassade sichtbar gemacht werden konnte. Der „Tour sans Fins", geplant für Paris als eines der höchsten Hochhäuser in Europa, soll ein spezielles Antivibrationssystem erhalten: Um den äußerst grazilen Bau gegen die Windkräfte zu stabilisieren, fungiert als Schwingungsdämpfer für die oberen Bereiche ein über die ganze Höhe des Gebäudes laufendes Pendel mit einem 600 t schweren Betongewicht, das in einer Silikonflüssigkeit aufgehängt ist.

Je komplexer die Konstruktionen sind, desto anspruchsvoller ist der Prozeß der Vermittlung zwischen Kräfteverlauf, Prinzip der Tragwirkung und sichtbarem Ausdruck der Konstruktion als gestaltendem Element. Arup hat die klassische Lösung des rechtwinkligen Rasters, der seriellen Struktur mit ihrer Regelmäßigkeit und Einheitlichkeit immer nur als einen der möglichen Wege angesehen. Cecil Balmond schlägt vor[15], das Wesen der Konstruktion einmal in Parallele zur globalen Entwicklung im wissenschaftlichen Denken zu sehen. So wie die Physik von Newtons konstanten Maschinen zu einer lokalen, relativen Wissenschaft übergegangen ist, so könnten auch im Weltbild des Ingenieurs die Phänomene des Individuellen, Informellen, Relativen eine neue Bedeutung gewinnen. Konstruktion würde sich auf dieser Ebene dann vielleicht weniger als ein Ordnungsfaktor und mehr als eine Intervention, sozusagen als eine Punktierung des Raumes begreifen, sie würde eine bestimmte Zufälligkeit, einen bestimmten Grad an Regellosigkeit in sich aufnehmen und damit dem Zusammenspiel unterschiedlicher Materialien und Strukturen in hybriden Systemen neue Dimensionen öffnen.

Materialien

Beim Centre Pompidou hatte man sich für das Material Gußstahl entschieden, bevor noch die Tragstruktur gefunden war. „Der weitreichende Einsatz von Gußeisen ... beim Centre Pompidou stellt einen Versuch dar, durch die Einführung eines neuen Materials in die Baukonstruktion die Wahrnehmung eines Bauwerkes zu verändern." (Peter Rice)[16] Das ist bezeichnend für die Rolle, die den Materialien und der Materialität im Zusammenhang der gesamten Ingenieurleistung beigemessen wird.

Die Suche nach dem authentischen Charakter eines Materials, sagte Peter Rice, liege im Kern eines jeden Ansatzes zum Ingenieurentwurf.[17] Ein anderes Beispiel dafür sind die Schalen aus Ferro-Zement, die man zusammen mit dem Renzo Piano Building Workshop für die Deckenschalen des Menil-Museums entwickelte, um die Lichtführung zu optimieren: Der hier eingesetzte Werkstoff, früher auch im Bootsbau verwendet, erlaubt trotz einer sehr dünnen Betondeckung die Ausformung von stabilen Schalen.

Jüngst wurden an einem temporären Gebäude, dem Pavillon der Zukunft auf der Expo 1992 in Sevilla, neue Möglichkeiten im Umgang mit traditionellen Materialien erprobt, indem man Naturstein wieder als statisch tragendes Element einsetzte – aber nicht in massiven Wänden, sondern in Form fragiler hoher Bögen als Tragkonstruktion für das Dach des Pavillons. Zur Fabrikation konnten die Mittel der Fassadenverkleidungsindustrie genutzt werden, die seit Jahren in großer Präzision mit Naturstein arbeitet; moderne Steinkleber machten das direkte Aufeinandersetzen der einzelnen Steine möglich, außerdem wurden Stahlverbindun-

15 Cecil Balmond: „Informelles Konstruieren", op. cit.
16 Exploring Materials, op. cit.
17 Peter Rice: An Engineer Imagines, op. cit., S. 78.

Menil Collection Museum, Texas, USA, 1986.

Schalung der Ferrozement-Elemente, Nahaufnahme der fertigen Decke.

Moulding of ferroconcrete shells, detail of finished ceiling.

sans Fins" ("Tower without Ends"), planned for Paris as one of the tallest high-rise buildings in Europe, will incorporate a special anti-vibration system. In order to stabilise the slender building against wind forces, the project team came up with the idea of a damper for the upper segments of the building in the form of a pendulum with a 600-ton concrete weight suspended in a silicon liquid.

The more complex the designs, the more demanding becomes the process of mediation between lines of force, the principle of load-bearing effect, and the visible expression of the structure as a formal element. Arups have always viewed the classical solution of the right-angled grid, of the serial structure with its regularity and standardisation as only one of the possible paths. Cecil Balmond suggests that engineers should see the essence of design in parallel with the global developments in scientific thinking.[15] Just as Newtonian physics with its constant mechanisms has given way to science based on the local and the relative, the world view of engineers should begin to assign greater importance to the phenomena of the individual, the informal, the relative. On this level, building design would then perhaps be conceived of less as an ordering factor than as an intervention, as a punctuation of space; it would absorb a certain randomness, a certain degree of uncontrollability and thus open up new dimensions for the interplay of various materials and structures in hybrid systems.

Materials

During the Centre Pompidou project, a decision was made to use cast steel even before a decision was made about the type of supporting structure. "Centre Pompidou with its extensive use of cast steel ... is an attempt to introduce a material into building construction, to change the way a building is perceived." (Peter Rice)[16] This is characteristic of the rôle assigned to materials and their visual impact in the context of the overall engineering design. "The search for the authentic character of a material," said Peter Rice, "is at the heart of any approach to engineering design."[17] Another example of this is provided by the ferroconcrete forms that Arups' engineers developed together with the Renzo Piano Building Workshop for the ceilings of the Menil Museum in order to optimise the use of light. The material applied there, formerly used for ship construction, allows the moulding of stable forms despite the very thin concrete sections.

New possibilities in the handling of traditional materials were recently explored on the Pavilion of the Future at the Expo 1992 in Seville by using natural stone – not in solid walls, but rather in the form of fragile, high arches as the supporting structure for the roof of the pavilion. To fabricate them, the engineers borrowed technology from the builders of curtain walls, who cut natural stone to close tolerances. Modern adhesives enabled the individual stones to be placed directly one on top of the other, while steel connectors were used to pretension the total element. This unusual application of a natural material was ultimately made possible only by computer analyses of the non-linear static performance of the stone arches under dynamic loads, in this case using Arups' Fablon program. Because of the vast number of parameters, analytic-synthetic studies of this type were impossible until relatively recently. The Pavilion shows how research into material behaviour can combine with new techniques in analysis and design to achieve new structural forms.

Environment-Related Technology

The holistic view of individual construction tasks, demanded by Ove Arup in his speech in 1970, has established itself with the public since the 1980s, both in political measures and in the architectural discussion. Environmental engineering is a concept which now influences all important areas of design. Arups feel that this will be one of the crucial factors affecting construction in the years to come.

The aim of environment-related construction has given momentum to changes in the traditional field of building services. The central recent developments in the "unfolding of architecture" (Rem Koolhaas) have been strongly influenced by the fact that building services, which comprise as much as one-third of the overall volume of a building and up to half of the value of overall construction, were long excluded from architectural considerations. A tendency to "purchase" standard solutions contributed to this aura of neglect.

Working within the framework of their holistic approach, Ove Arup & Partners have attempted to integrate building services engineers into the design team, and the new position of building services engineering as part of environmental engineering has considerably widened the field. Now, the various service systems, which include not only the control of air movements but also artificial and natural lighting, are

Environment-Related Technology

Materials

15 Cecil Balmond: "Informelles Konstruieren", op. cit.
16 Exploring Materials, op. cit.
17 Peter Rice: An Engineer Imagines, op. cit., p. 78.

Pabellón del Futuro, Expo '92, Sevilla, 1992, Architekten Martorell Bohigas Mackay, Tragwerks- und Geotechnikingenieure Ove Arup & Partners.

Pavilion of the Future, Expo '92, Seville, Spain, 1992, architects Martorell Bohigas Mackay, structural and geotechnical engineers Ove Arup & Partners.

Green Building, Entwurf 1990–, Architekten Future Systems, Tragwerks- und Haustechnikingenieure Ove Arup & Partners. Modell.

Green Building, project 1990–, architects Future Systems, structural and geotechnical engineers Ove Arup & Partners. Model.

gen zur Vorspannung der Gesamtelemente verwendet. Letztlich wurde dieser ungewöhnliche Einsatz von Naturmaterial erst möglich durch Computeranalysen des nichtlinearen statischen Verhaltens der Steinbögen unter dynamischer Belastung, in diesem Fall mit Hilfe des firmeneigenen Fablon-Programms. Solche analytisch-synthetischen Untersuchungen waren wegen der großen Zahl der Parameter noch vor kurzer Zeit kaum denkbar. Der Pavillon zeigt, wie die Erforschung des Materialverhaltens zusammen mit neuen Techniken für Berechnung und Entwurf zur Entwicklung neuer Konstruktionsformen führen kann.

Umweltbezogene Technologie

Umweltbezogene Technologie

Die ganzheitliche Betrachtungsweise der einzelnen Bauaufgaben, die Ove Arup in seiner Rede 1970 forderte, hat sich seit den achtziger Jahren auch in der Öffentlichkeit, in politischen Vorgaben und in der Architekturdiskussion durchgesetzt. Der Begriff, der jetzt alle wesentlichen Entwurfs- und Ingenieurbereiche mitbestimmt, heißt Umwelttechnik. Sie wird nach Arups Meinung zukünftig einer der entscheidenden Faktoren auf allen Gebieten des Bauens sein.

Dieses Ziel des umweltbezogenen Bauens hat auch dem traditionellen Gebiet der Haustechnik einen Veränderungsschub gegeben. Es gehört zu den zentralen jüngeren Entwicklungen in der „Entfaltung der Architektur" (Rem Koolhaas), daß dieser Bereich, der vielleicht ein Drittel des Volumens eines Gebäudes und bis zur Hälfte der Bausumme ausmacht, lange Zeit dem Entwurfsprozeß, dem architektonischen Denken in gewisser Weise entzogen war und eine Tendenz bestand, Standardlösungen 'einzukaufen'.

Im Rahmen ihres ganzheitlichen Ansatzes haben Ove Arup & Partners darauf hingearbeitet, die Haustechnik-Ingenieure in das Planungsteam einzubeziehen, und die neue Stellung der Haustechnik als Teil der gesamten Umwelttechnik hat das Feld erheblich erweitert. Die verschiedenen Gebäudesysteme, zu denen nicht nur die Steuerung der Luftbewegungen, sondern auch die Beleuchtung bzw. natürliche Belichtung gehört, werden nun als Faktoren der Gesamtleistung des Gebäudes in seiner Umgebung gesehen.

Bei den Arbeiten auf dem Gebiet der Fassadentechnik, insbesondere bei Glasfassaden, wird die Funktion der Fassade nicht mehr primär als Abschluß, sondern eher als Öffnung nach außen verstanden mit dem Ziel optimaler Nutzung von natürlicher Belichtung, Belüftung und Energie.

So hat z.B. der Ingenieur Tom Barker Ideenstudien für ein „Green Building" zusammen mit dem Architekturbüro Future Systems angeregt. Arup entwickelte ein Modell für ein natürlich belichtetes und passiv klimatisiertes Bürogebäude, das von Future Systems entworfen wurde. Die asymmetrische, eiförmige Gebäudeform ging aus Windkanaltests hervor. Mit Hilfe der Arbeitsgruppe „Computational Fluid Dynamics" wurden die Kamineffekte dargestellt und Kriterien für den Komfort, die Gesundheit der Nutzer und die Optimierung der Energieverwendung untersucht. Vor allem wurde die Umwelttechnik von Beginn an in den Entwurf mit einbezogen.

Die hier eingesetzten *„Computational Fluid Dynamics"* (CFD), mit denen sich bei Arup eine eigene Arbeitsgruppe befaßt, sind ein zentrales Instrument zur Analyse von Luftströmen in Gebäuden (und allgemein für jede Art von Gas- und Flüssigkeitsströmen). In Simulations-Schaubildern können die Geschwindigkeit, die Temperatur und die Intensität des Ablaufs von bestimmten Prozessen unter bestimmten Bedingungen dargestellt werden, und zwar in vielen vergleichbaren Varianten und in kurzer Zeit. So können schnell und wirtschaftlich Zustände und Vorgänge simuliert werden und die Ergebnisse direkt in den Entwurfsprozeß einfließen. CFD ist damit eine Alternative für unzuverlässige, aufwendige, zeitraubende und in ihrer Aussagekraft begrenzte Modellversuche.

Als besonders wichtiges Einsatzgebiet hat sich die Simulation von Katastrophenfeuerfällen und die Bewegung von heißen Gasen und Rauch erwiesen. Für den Stansted Airport konnte beispielsweise mit CFD der Nachweis erbracht werden, daß im Brandfalle der Rauch sich unter dem Dach sammeln würde, so daß die sonst für den Brandschutz erforderlichen Brandschürzen, die natürlich eine erhebliche Beeinträchtigung der Raumgestaltung gewesen wären, überflüssig wurden. Diese Technologie ermöglicht auch Studien normaler Situationen, etwa der Wirkung von Heizungs- und Lüftungssystemen auf den thermischen Komfort in Gebäuden und von Winden in ihrer äußeren Umgebung. Im Wasserbau wird CFD zur Simulation von Flutwellen oder Einzelwellen und deren Einfluß auf die Standfestigkeit der Bauwerke mit Erfolg eingesetzt.

Ein weiteres Instrument für die Integration von Ingenieuraufgaben, das von Arup entwickelte Computerprogramm BEANS („Building Environmental Analysis System"), umfaßt Anwenderprogramme für Umwelttechnik, mechanische Gebäudeausrüstung, Statik usw., die alle auf ein einheitliches Datenmodell zurückgreifen. Es wird im Laufe der Bear-

Bürogebäude für das House of Parliament, London, 1989–, Architekt Michael Hopkins, Ingenieure (Tragwerk, Geotechnik, Haustechnik, Brandschutz, Akustik) Ove Arup & Partners.

Houses of Parliament Office Building, London, 1989–, architect Michael Hopkins, engineers (structural, geotechnics, building services, fire safety, acoustics) Ove Arup & Partners.

seen as factors for the overall performance of the building within its environment.

Designers in the field of façade engineering (especially with glass façades) often now see the façade less as a covering than as an opening to the outside world, intended to achieve optimum utilisation of natural lighting, ventilation and energy.

Thus, for example, the engineer Tom Barker initiated conceptual studies for a "green building" in cooperation with the Future Systems architectural office. Arups developed a model for a naturally lit and passively air-conditioned office building designed by Future Systems; the asymmetrical, egg-shaped building shape emerged from wind-tunnel tests. Computational fluid dynamics (CFD) was used to illustrate convection effects and to examine criteria for the comfort and health of the users and the optimisation of energy use. Most important of all, environmental engineering ideas were incorporated into the design from the outset.

The techniques of CFD applied here, which are the subject of a special working group at Arups, serve as a central instrument for the analysis of air currents in buildings, and generally for the movement of all types of gases and liquids. Simulation images can be used to show the speed, the temperature and the intensity of the sequence of events under certain conditions in a large number of variants and in short times. Among other things, it becomes possible to simulate conditions and processes rapidly and economically. Results can then be incorporated directly into the design process. CFD thus represents an alternative to unreliable, costly and time-consuming experiments using physical models which provide conclusions of only limited validity.

A particularly important area of CFD application has been the simulation of fires and the movement of hot gases and smoke. For the Stansted Airport project, for example, CFD provided evidence that smoke from fires would collect under the roof, thus eliminating the need for the smoke curtains (normally required for fire protection but which would have disastrously affected the interior design of the space). These techniques have allowed studies of a wide range of other situations, such as the effects of heating and cooling systems on comfort within buildings, and of wind in the surrounding environments. CFD is also successfully used in the design of water projects for simulation of flood waves or individual waves and their influence on static stability.

Another tool for the integration of engineering studies is the BEANS (Building Environmental Analysis System) computer program, developed by Arups. This includes user programs for environmental engineering, mechanical building equipment, analysis, etc., all of which refer back to a standardised data model. As a project evolves, the model is then expanded to include data from the various specialised design teams so that a complete data model is eventually available.

Within the framework of environmental engineering, the further development of the "intelligent façade" toward an integrated, high-technology medium for the exchange of energy, and even information, may bring about new possibilities for transparency, aesthetic expression and constant rapid adaptation to changing environmental conditions. However, the question of cost remains extremely relevant; and Arups also emphasize two other aspects: on the one hand, intelligent engineering should be understood as a technology of the individual case, that is to say, its ultimate goal is to allow individuals to determine their own area and their own environment for themselves, without doing this at a cost to the environment or to others. On the other hand, the total energy consumption profile of buildings is destined to become an important standard for ecologically correct construction in the future. Not only energy consumption during operation will be measured, but also the energy consumed in the construction of the building and for the production of the individual components will be included in this summation, which will ultimately take into account the recyclability of parts and materials. It is clear that the statements, so commonly made today, about the environmental aspects of building must be tested against these wider considerations and larger concepts of the "environment".

Die Zukunft des integrativen Entwurfs

beitung eines Projektes mit den Daten der verschiedenen Fachplanungen erweitert, so daß schließlich ein komplettes Datenmodell vorliegt.

Im Rahmen der Umwelttechnik mag die Weiterentwicklung der „intelligenten Fassade" zu einem integrierten hochtechnologischen Medium des Energie-, ja selbst Informationsaustausches neue Möglichkeiten der Transparenz, des ästhetischen Ausdrucks und der ständigen raschen Anpassung an veränderte Umweltbedingungen mit sich bringen. Doch es stellt sich sehr deutlich die Frage der Kosten; und noch zwei andere Aspekte werden von Arup betont: Einmal sollte intelligente (Haus-)Technik als eine Technik des einzelnen Falles verstanden werden, d.h. sie hat letztendlich zum Ziel, daß jeder einzelne Mensch seinen eigenen Bereich und seine eigene Umgebung für sich bestimmen kann, ohne dies auf Kosten der Umwelt bzw. der anderen zu tun. Und zum anderen wird in Zukunft die gesamtenergetische Bilanz von Gebäuden ein wichtiger Maßstab für die ökologisch richtige Bauweise werden. Nicht nur der Energieverbrauch im Betrieb wird gemessen, sondern auch die zur Errichtung des Gebäudes bzw. zur Produktion der einzelnen Elemente verbrauchte Energie wird in diese Bilanz eingehen, und früher oder später auch die Frage der Wiederverwertbarkeit von Bauteilen und Materialien. Deshalb müssen die heute allgegenwärtigen Hinweise über die Umweltbezogenheit von Bauten sorgfältig daraufhin befragt werden, wie sie sich zu diesem weiteren Verständnis des Begriffes „Umwelt" verhalten.

Die Zukunft des integrativen Entwurfs

Alle Planungs- und Ingenieurtätigkeit hat zuallererst den Menschen zu dienen. Dies war die Motivation und Leitidee von Ove Arup als Person. Auch der Industriebau, wie es die Autoren am Institut für Industriebau der Technischen Universität Wien lehren und zu praktizieren suchen, baut darauf auf. Alle Folgeziele leiten sich daraus ab:

Den Ausgleich zwischen Ökologie und Ökonomie zu schaffen gehört heute zu den wichtigsten Aufgaben der ganzheitlichen Planung, und dies verlangt meist eine Überzeugungskraft, die sich nicht im einseitig rationalen Handeln erschöpfen darf. Beispiele, an denen sich die Verbindung von guter bautechnischer und architektonischer Lösung einerseits mit menschengerechter Gestaltung andererseits anschaulich darstellen läßt, haben wir einige in diesem Buch gezeigt.

Uns stellt sich der Industriebau immer so dar, daß er von den Prinzipien des vernetzten, integrativen Planungsansatzes geleitet sein muß, und dies umfaßt auch die ganzheitliche Betrachtung von Problemen, die durch Ingenieurleistungen gelöst werden können. In diesem modellhaft verstandenen Industriebau findet sich das 'Modell Arup' in vielen Zügen wieder. Ökologische Probleme werden im Industriebau aufgrund der Produktionsprozesse und des enormen Landverbrauchs besonders intensiv erfahren; große Bauvolumina machen eine Optimierung der verschiedenen Lösungen notwendig; die Zusammenarbeit von Architekten, Bauingenieuren, Maschinenbauern und Betriebswirten ist durch die Art der Aufgabenstellung naturgemäß gegeben; die ständige Erneuerung der Produktionsprozesse, die sich derzeit durch Schlagworte wie „lean production" manifestiert, machen das Denken in flexiblen Anordnungen notwendig. Die Einbindung der Ingenieure von den allerersten Projektbesprechungen an, sozusagen schon in der „Leistungsphase 0", der Zielplanung, erlaubt die Integration von Ingenieurlösungen in der entscheidenden Phase des Entwicklungsganges der Projekte.

All dies, sind Aspekte, die die Zukunft der Bau- und Ingenieurkultur mitbestimmen sollten.

Die Vernetzung und ganzheitliche Betrachtungsweise bedeuten natürlich auch Konflikt und Widerspruch. Tatsächlich ist der Entwicklungsprozeß in Planung, Architektur und Ingenieurbau eine Gratwanderung zwischen kreativem Chaos und geordneter Monotonie. Es bleibt abzuwarten, was nach den „goldenen zwei Jahrzehnten" der gesamtwirtschaftlichen Entwicklung folgen wird. Auch an Arup sind die normalen wirtschaftlichen Probleme nicht spurlos vorübergegangen. Insbesondere die Rezession in Großbritannien am Ende der achtziger und zu Beginn der neunziger Jahre führte zu einer stärker internationalen Orientierung. Durch den verschärften Wettbewerb gewinnen Fragen an Bedeutung, die bisher die Arbeit nicht wesentlich behinderten. Zukünftig wird die vermehrte Zusammenarbeit mit der öffentlichen Hand ein wichtiges Thema sein, ebenso wie Konstellationen, bei denen bis hin zur Finanzierung komplette Lösungen verlangt werden. Damit nähern sich die früher getrennten Rollen von Bauherr, Generalunternehmern und Beratungsfirmen einander an. Arup versucht, diesen Entwicklungen durch erhöhte Anstrengungen für effektivere Arbeitsmethoden, durch die Bildung globaler Netzwerke zur optimalen Nutzung der Ressourcen und durch das Erschließen neuer Arbeitsfelder Rechnung zu tragen. Es wird sich beweisen müssen, ob die heutigen Strukturen ausreichen werden, um die erreichte Qualität und die menschlichen Zielsetzungen zu erhalten.

The Future of Integrated Planning

All planning and engineering activities must first serve humankind. This was the motivation and guiding idea of Ove Arup as a person. Industrial engineering – as the authors of this book from the Industrial Engineering Institute of Vienna Technical University attempt to teach and practice it – is based on the same assumption. All further aims can be derived accordingly.

Today the challenge of finding a balance between the interests of ecology and economics is one of the most important tasks of holistic planning, and this usually demands a strength of conviction that cannot be allowed to exhaust itself in one-sided rational action. In this book we have presented several examples of the effective combination of ecological requirements with solid engineering and architectural solutions.

Industrial engineering represents a discipline that must be guided by the principles of an interconnected, integrated approach to planning, and this also includes the holistic consideration of problems that can be solved by engineering services. This exemplary vision of industrial engineering clearly contains many of the characteristics of the "Arup Model". In industrial engineering, ecological problems are experienced with special intensity due to the production processes and the enormous consumption of land; large construction volumes require optimisation of the various solutions; collaboration of architects, civil engineers, mechanical engineers and managers is a natural requirement born from desired objectives; the constant renewal of production processes manifested at present in catchwords such as "lean production" necessitates thinking in flexible terms. The integration of engineers into planning from the very first project discussions, so to speak in the "performance phase 0" (goal planning), allows the integration of engineering solutions in the decisive phase of the development of the projects.

We feel that all these aspects should be allowed to determine the future culture of architecture and engineering.

Interconnections and holistic approaches necessarily imply a certain degree of conflict and contradiction. The development process in planning, architecture and industrial engineering does indeed present a delicate balance between creative chaos and organised monotony. It is difficult to foresee what will happen now that the "two golden decades" of global economic development have become a thing of the past. Arups are experiencing the same economic problems that trouble everyone else. The recession in the United Kingdom at the end of the 1980s and the beginning of the 1990s led to a much stronger international orientation of the Partnership. Intensified competition has given greater significance to issues that previously did not much affect their work. In the future, participation in diverse forms of public-private partnership may become an important issue, as may arrangements which require solutions that include project financing, thus combining formerly separate rôles of clients, agents and consultants. Arups are attempting to take these developments into account by finding more efficient work methods, by forming global networks for the optimum utilisation of resources, and by opening up new fields of activity. It remains to be seen whether present-day structures will be effective in preserving the level of quality and the humane objectives that the firm has achieved.

Chronologie 1946–1993

1946
Gründung des Unternehmens in London durch Ove Arup
Eröffnung des Büros in Dublin, Irland

1949
Ove Arup & Partners wird gebildet, mit den Partnern Ove Arup, Ronald Jenkins und Andrew Young

1952
Eröffnung des Büros in Salisbury, Rhodesien (heute Harare, Simbabwe)

1954
Eröffnung der Büros in Lagos, Nigeria, in Lusaka, Sambia, in Johannesburg, Südafrika und in Bulawayo, Simbabwe

1955
Gründung von Ove Arup & Partners Westafrika
Eröffnung des Büros in Kano, Nigeria

1956
Peter Dunican wird Partner

1957
Gründung von Ove Arup & Partners Südafrika
Eröffnung des Büros in Sheffield, England

1958
Eröffnung der Büros in Durban, Südafrika und in Manchester, England

1959
Gründung von Ove Arup & Partners Rhodesien (heute Simbabwe)

1960
Eröffnung des Büros in Edinburgh, Schottland

1961
Ronald Hobbs wird Partner

1963
Gründung von Ove Arup & Partners Irland und Ove Arup & Partners Sierra Leone
Eröffnung des Büros in Sydney, Australien
Gründung von Arup Associates

1964
Gründung von Ove Arup & Partners Australien
Eröffnung des Büros in Kuala Lumpur, Malaysia
Einrichtung der Computerabteilung und der Forschungs- und Entwicklungsabteilung in London

1965
Povl Ahm und Jack Zunz werden Partner
Auflösung von Ove Arup & Partners Westafrika
Gründung von Ove Arup & Partners Nigeria und Ove Arup & Partners Ghana
Eröffnung der Büros in Cape Town, Südafrika und in Windhoek, Namibia
Einrichtung der Abteilung für Straßen- und Brückenbau in London

1966
Gründung von Ove Arup & Partners Sambia und Ove Arup & Partners Malaysia
Ove Arup erhält die Royal Gold Medal für Architektur

1967
Neubildung der Partnership in Großbritannien als Ove Arup & Partners Beratende Ingenieure und Arup Associates
Eröffnung der Büros in Pretoria, Südafrika sowie in Glasgow, Schottland und in Newcastle, England
Einrichtung der Abteilungen für Grundbau und Wohnungsbau in London

1968
Gründung von Ove Arup & Partners Jamaika
Eröffnung des Büros in Birmingham, England
Einrichtung der Abteilung für Verkehrsplanung in London
Joughin Report über die Organisation von Ove Arup & Partners
Ove Arup erhält die Maitland Medal des britischen Instituts für Hochbau-Ingenieurwesen

1969
Eröffnung des Büros in Perth, Australien
Jock Harbison wird Präsident des Instituts für Ingenieure von Irland
Ove Arup & Partners erhält den Queen's Award für technologische Leistungen

1970
Ove Arup Partnership wird Mutterfirma von Ove Arup & Partners und Arup Associates
Gründung von Ove Arup & Partners Singapur
Eröffnung der Büros in Cardiff, Wales, in Dundee, Schottland und in Riad, Saudi-Arabien

1971
Eröffnung des Büros in Singapur

1972
Eröffnung der Büros in Melbourne, Australien und in Penang, Malaysia
Poul Beckmann und David Dowrick erhalten die Telford Gold Medal des britischen Instituts für Bauingenieurwesen
Ronald Jenkins tritt in den Ruhestand

1973
Ove Arup erhält die Goldmedaille des britischen Instituts für Hochbau-Ingenieurwesen

1974
Eröffnung des Büros in Bristol, England
Einrichtung der Abteilung für Brandschutztechnik in London

1975
Eröffnung der Büros in Port Moresby, Papua-Neuguinea, in Kota Kinabalu Sabah, Mauritius und in Doha, Katar

1976
Eröffnung der Büros in Hongkong und in Cork, Irland

Chronology 1946–1993

1946
Practice founded in London by Ove Arup
Dublin, Ireland office opened

1949
Ove Arup & Partners formed with Ove Arup, Ronald Jenkins and Andrew Young as Partners

1952
Salisbury, Rhodesia (now Harare, Zimbabwe) office opened

1954
Offices opened in Lagos, Nigeria, Lusaka, Zambia, Johannesburg, South Africa and Bulawayo, Zimbabwe

1955
Ove Arup & Partners West Africa formed
Kano, Nigeria office opened

1956
Peter Dunican appointed a Partner

1957
Ove Arup & Partners South Africa formed
Sheffield office opened

1958
Durban, South Africa and Manchester offices opened

1959
Ove Arup & Partners Rhodesia (now Zimbabwe) formed

1960
Edinburgh office opened

1961
Ronald Hobbs appointed a Partner

1963
Ove Arup & Partners Ireland and Ove Arup & Partners Sierra Leone formed
Sydney, Australia office opened
Arup Associates established

1964
Ove Arup & Partners Australia formed
Kuala Lumpur, Malaysia office opened
Computer Group and Research & Development Group established in London

1965
Povl Ahm and Jack Zunz appointed Partners
Ove Arup & Partners West Africa dissolved
Ove Arup & Partners Nigeria and Ove Arup & Partners Ghana formed
Cape Town, South Africa and Windhoek, Namibia offices opened
Highways and Bridges Group established in London

1966
Ove Arup & Partners Zambia and Ove Arup & Partners Malaysia formed
The Royal Gold Medal for Architecture awarded to Ove Arup

1967
UK Partnership re-formed as Ove Arup & Partners Consulting Engineers and Arup Associates
Pretoria, South Africa, Glasgow and Newcastle offices opened
Foundation Engineering Section and the Housing Division established in London

1968
Ove Arup & Partners Jamaica formed
Birmingham office opened
Traffic Group established in London
The Joughin Report on the organisation of Ove Arup & Partners received
Maitland Medal of the Institution of Structural Engineers awarded to Ove Arup

1969
Perth, Australia office opened
Jock Harbison elected President of The Institution of Engineers of Ireland
Queen's Award for Technological Achievement made to Ove Arup & Partners

1970
Ove Arup Partnership becomes parent firm of Ove Arup & Partners and Arup Associates
Ove Arup & Partners Singapore formed
Cardiff, Dundee and Riyadh, Saudi Arabia offices opened

1971
Singapore office opened

1972
Melbourne, Australia and Penang, Malaysia offices opened
The Telford Gold Medal of the Institution of Civil Engineers awarded to Poul Beckmann and David Dowrick
Ronald Jenkins retired

1973
The Gold Medal of the Institution of Structural Engineers awarded to Ove Arup

1974
Bristol office opened
Fire Engineering Group established in London

1975
Port Moresby Papua New Guinea, Kota Kinabalu Sabah, Mauritius and Doha Qatar offices opened

1976
Hong Kong and Cork, Ireland offices opened

1977
Ove Arup Partnership reconstituted with Peter Dunican as Chairman and Jack Zunz as Chairman of Ove Arup & Partners
Ove Arup dan Rakan Brunei and Ove Arup dan Rakan Sabah formed
Brunei and Abu Dhabi UAE offices opened
Arup Geotechnics established in London
Peter Dunican elected President of the Institution of Structural Engineers
Geoffrey Wood retired

100 Ausgewählte Projekte 1946–1993

Wenn nicht anders angeführt, liegen die Projekte in Großbritannien

Wohnhäuser in der Busaco Street, London
1946–1953
Bauherr: Finsbury Borough Council
Architekten: Tecton
Ingenieurleistungen: Tragwerk

Busbahnhof in der Store Street, Dublin, Irland
1946–1951
Bauherr: CIE Dublin
Architekten: Michael Scott & Partners
Ingenieurleistungen: Tragwerk
Auszeichnungen: Royal Institute of Architects of Ireland Triennial Gold Medal 1955

Gummifabrik, Brynmawr, Wales
1947–1950
Bauherr: Enfield Cable Works Ltd
Architekten: Architects Co-Partnership
Ingenieurleistungen: Tragwerk

Gesamtschule, Kidbrooke, London
1949–1954
Bauherr: London County Council
Architekten: Slater Wren & Pike
Ingenieurleistungen: Tragwerk

Fußgängerbrücke für das Festival of Britain, London
1949–1951
Bauherr: Festival of Britain Authorities
Architekten: Architects Co-Partnership
Ingenieurleistungen: Tragwerk

Realschule, Hunstanton, Norfolk
1950–1954
Bauherr: Norfolk County Council
Architekten: Alison & Peter Smithson
Ingenieurleistungen: Tragwerk

Druckerei der Bank of England, Debden
1951–1956
Bauherr: Bank of England
Architekten: Easton & Robertson
Ingenieurleistungen: Tragwerk

Wohnhäuser in der Portsmouth Road, Wandsworth, London
1951–1957
Bauherr: Greater London Council
Architekten: Greater London Council
Ingenieurleistungen: Tragwerk
Auszeichnungen: Royal Institute of British Architects: Bronze Medal, 1959

Kathedrale von Conventry
1951–1962
Bauherr: Dean & Chapter of Coventry Cathedral
Architekten: Sir Basil Spence Partnership
Ingenieurleistungen: Tragwerk

Forschungs- und Entwicklungseinrichtungen, Wexham Springs
1952–1956
Bauherr: Cement & Concrete Association
Architekten: Cement & Concrete Association
Ingenieurleistungen: Tragwerk

Gaydon Hangars, Norfolk
1953–1954
Bauherr: John Laing & Sons Ltd
Ingenieurleistungen: Tragwerk

Nationales Sportzentrum, Crystal Palace, London
1954–1964
Bauherr: London City Council
Architekten: London City Council
Ingenieurleistungen: Tiefbau, Tragwerk

Barbican, Wohnviertel und Kunstzentrum, London
1956–1971/1982
Bauherr: Corporation of London
Architekten: Chamberlin Powell & Bon
Ingenieurleistungen: Tiefbau, Tragwerk, Geotechnik
Auszeichnungen: Institution of Structural Engineers Special Award, 1981; Royal Institute of British Architects Award, 1974; Concrete Society Award, 1983

Opernhaus Sydney, Australien
1957–1973
Bauherr: New South Wales Department of Public Works
Architekten: Jørn Utzon/Hall Todd & Littlemore
Ingenieurleistungen: Tragwerk
Auszeichnungen: Queen's Award, 1969; Association of Consulting Engineers of Australia: Award for Excellence, 1972; Institution of Structural Engineers Special Award, 1973; Royal Australian Institute of Architects Award, 1980

Independence House, Lagos, Nigeria
1959–1962
Bauherr: Bundesministerium für Gewerbe und Wohnen
Architekten: Bundesministerium für Gewerbe und Wohnen
Ingenieurleistungen: Tragwerk

Britannic House, Moorfields, London
1960–1967
Bauherr: British Petroleum
Architekten: Joseph Cashmore, F Milton & Partners
Ingenieurleistungen: Tragwerk, Geotechnik

Kingsgate Fußgängerbrücke, Durham
1961–1963
Bauherr: Durham University
Ingenieurleistungen: Tragwerk
Auszeichnungen: Civic Trust Award, 1965; Concrete Society Award, 1993

Brücken über den Volta-Fluß, Ghana
1963–1965
Bauherr: Regierung von Ghana
Ingenieurleistungen: Tiefbau, Tragwerk

Viadukt, Gateshead
1965–1971
Bauherr: Gateshead Metropolitan Borough Council
Architekten: Sir Basil Spence Bonnington & Collins
Ingenieurleistungen: Tiefbau, Tragwerk

100 KEY PROJECTS 1946–1993

Except where noted, projects are in the United Kingdom

BUSACO STREET FLATS, LONDON
1946–1953
client: Finsbury Borough Council
architects: Tecton
services: structural

STORE STREET BUS STATION, DUBLIN, IRELAND
1946–1951
client: CIE Dublin
architects: Michael Scott & Partners
services: structural
awards: Royal Institute of Architects of Ireland Triennial Gold Medal 1955

BRYNMAWR RUBBER FACTORY, WALES
1947–1950
client: Enfield Cable Works Ltd
architects: Architects Co-Partnership
services: structural

KIDBROOKE COMPREHENSIVE SCHOOL, LONDON
1949–1954
client: London County Council
architects: Slater Wren & Pike
services: structural

FESTIVAL OF BRITAIN FOOTBRIDGE, LONDON
1949–1951
client: Festival of Britain Authorities
architects: Architects Co-Partnership
services: structural

HUNSTANTON SECONDARY MODERN SCHOOL, NORFOLK
1950–1954
client: Norfolk County Council
architects: Alison & Peter Smithson
services: structural

BANK OF ENGLAND PRINTING WORKS, DEBDEN
1951–1956
client: Bank of England
architects: Easton & Robertson
services: structural

PORTSMOUTH ROAD FLATS, WANDSWORTH, LONDON
1951–1957
client: Greater London Council
architects: Greater London Council
services: structural
awards: Royal Institute of British Architects: Bronze Medal, 1959

COVENTRY CATHEDRAL
1951–1962
client: Dean & Chapter of Coventry Cathedral
architects: Sir Basil Spence Partnership
services: structural

WEXHAM SPRINGS, RESEARCH & DEVELOPMENT WORKSHOP
1952–1956
client: Cement & Concrete Association
architects: Cement & Concrete Association
services: structural

GAYDON HANGARS, NORFOLK
1953–1954
client: John Laing & Sons Ltd
services: structural

NATIONAL SPORTS CENTRE, CRYSTAL PALACE, LONDON
1954–1964
client: London City Council
architects: London City Council
services: civil, structural

BARBICAN REDEVELOPMENT & ARTS CENTRE, LONDON
1956–1971/1982
client: Corporation of London
architects: Chamberlin Powell & Bon
services: civil, structural, geotechnics
awards: Institution of Structural Engineers Special Award, 1981; Royal Institute of British Architects Award, 1974; Concrete Society Award, 1983

SYDNEY OPERA HOUSE, SYDNEY, AUSTRALIA
1957–1973
client: New South Wales Department of Public Works
architects: Jørn Utzon/Hall Todd & Littlemore
services: structural
awards: Queen's Award, 1969; Association of Consulting Engineers of Australia: Award for Excellence, 1972; Institution of Structural Engineers Special Award, 1973; Royal Australian Institute of Architects Award, 1980

INDEPENDENCE HOUSE, LAGOS, NIGERIA
1959–1962
client: Federal Ministry of Works & Housing
architects: Federal Ministry of Works & Housing
services: structural

BRITANNIC HOUSE, MOORFIELDS, LONDON
1960–1967
client: British Petroleum
architects: Joseph Cashmore, F Milton & Partners
services: structural, geotechnics

KINGSGATE FOOTBRIDGE, DURHAM
1961–1963
client: Durham University
services: structural
awards: Civic Trust Award, 1965
Concrete Society Award, 1993

VOLTA RIVER BRIDGES, GHANA
1963–1965
client: Government of Ghana
services: civil, structural

GATESHEAD VIADUCT
1965–1971
client: Gateshead Metropolitan Borough Council
architects: Sir Basil Spence Bonnington & Collins
services: civil, structural

CARLTON CENTRE, JOHANNESBURG, SOUTH AFRICA
1966–1973
client: Carlton Centre
architects: Skidmore Owings Merrill/Rhodes-Harrison Hoffe
services: structural, geotechnics

Carlton Centre, Johannesburg, Südafrika
1966–1973
Bauherr: Carlton Centre
Architekten: Skidmore Owings Merrill/Rhodes-Harrison Hoffe
Ingenieurleistungen: Tragwerk, Geotechnik

Fundamente des Münsters von York
1966–1973
Bauherr: Dean & Chapter of York Minster
Architekten: Fielden & Mawson
Ingenieurleistungen: Tragwerk, Geotechnik
Auszeichnungen: Civic Trust Award, 1975

Hillbrow Mikrowellenturm, Johannesburg, Südafrika
1967–1971
Bauherr: Department of Public Works
Ingenieurleistungen: Tragwerk, Geotechnik

Moschee, Konferenzzentrum und Hotel, Mekka, Saudi-Arabien
1967–1974
Bauherr: Regierung von Saudi-Arabien
Architekten: Büro Rolf Gutbrod/Frei Otto
Ingenieurleistungen: Tragwerk
Auszeichnungen: Aga Khan Award for Architecture, 1980

Jan Smuts Flughafen, Johannesburg, Südafrika
1968–1973
Bauherr: Department of Public Works
Architekten: Eric Todd Austin & Sandilands/Daniel Smit & Viljoen
Ingenieurleistungen: Tiefbau, Tragwerk, Verkehrsplanung

Emley Moor Fernsehturm, Yorkshire
1969–1972
Bauherr: Independent Television Authority
Ingenieurleistungen: Tragwerk, Geotechnik
Auszeichnungen: Concrete Society Award, 1972

Clinker Mill Kaianlage, Chittagong, Bangladesh
1969–1977
Bauherr: Frigrite Industries Pty Limited
Ingenieurleistungen: Tiefbau, Tragwerk, Geotechnik

Carlsberg Brauerei, Northampton
1970–1973
Bauherr: Carlsberg Brewery Limited
Architekten: Knud Munk
Ingenieurleistungen: Tiefbau, Tragwerk, Geotechnik, Haustechnik, Projektplanung und -management
Auszeichnungen: Concrete Society Award, 1980

Berry Lane Viadukt, Herts
1971–1975
Bauherr: Department of Transport
Ingenieurleistungen: Tiefbau, Tragwerk, Geotechnik
Auszeichnungen: Concrete Society Award, 1976

Centre Pompidou, Paris, Frankreich
1971–1977
Bauherr: Etablissement Public Du Centre Beaubourg
Architekten: Piano & Rogers
Ingenieurleistungen: Tragwerk, Geotechnik, Haustechnik, Projektplanung und -management, Brandschutz
Auszeichnungen: Institution of Structural Engineers, Special Award, 1977

Runnymede-Brücke, Surrey
1971–1978
Bauherr: Department of Transport
Architekten: Arup Associates
Ingenieurleistungen: Tiefbau, Tragwerk, Geotechnik
Auszeichnungen: Concrete Society Award, 1981

Nationales Ausstellungszentrum, Bickenhill, Birmingham
1972–1975–1993
Bauherr: National Exhibition Centre
Architekten: Edward D. Mills & Partners/R. Seifert & Partners
Ingenieurleistungen: Tiefbau, Tragwerk, Geotechnik, Haustechnik, Verkehrsplanung
Auszeichnungen: Structural Steel Design Awards 1976, 1989; European Convention for Steelwork, 1977; British Steel Corporation Award, 1981

Straße von Jerangau nach Jabor, Malaysia
1972–1978
Bauherr: Regierung von Malaysia
Ingenieurleistungen: Kostenberatung, Verkehrsplanung, Tiefbau, Tragwerk, Geotechnik

Overseas & Chinese Banking Corporation, Singapur
1972–1976
Bauherr: OCBC Centre (Private) Ltd
Architekten: I M Pei & Partners NY/BEP Akitek Singapore
Ingenieurleistungen: Tragwerk, Fassadentechnik

Ausstellungspavillon auf der Bundesgartenschau, Mannheim, Deutschland
1973–1975
Bauherr: Stadt Mannheim
Architekten: Büro Mutschler + Partner
Ingenieurleistungen: Tragwerk

Hopewell Centre, Hongkong
1974–1979
Bauherr: Gordon Wu & Associates
Architekten: Gordon Wu & Associates
Ingenieurleistungen: Tragwerk, Geotechnik

Tyne & Wear Metro, Tyne & Wear
1974–1982
Bauherr: Tyne & Wear Passenger Transport Executive
Architekten: Renton Howard Wood Levin Partnership
Ingenieurleistungen: Tiefbau, Tragwerk, Geotechnik

The British Library, London
1975–(1996)
Bauherr: Property Services Agency
Architekten: Colin St John Wilson & Partners
Ingenieurleistungen: Tragwerk, Geotechnik

YORK MINSTER CATHEDRAL, UNDERPINNING
1966–1973
client: Dean & Chapter of York Minster
architects: Fielden & Mawson
services: structural, geotechnics
awards: Civic Trust Award, 1975

HILLBROW MICROWAVE TOWER, JOHANNESBURG, SOUTH AFRICA
1967–1971
client: Department of Public Works
services: structural, geotechnical

MOSQUE, CONFERENCE CENTRE AND HOTEL, MECCA, SAUDI ARABIA
1967–1974
client: Government of Saudi Arabia
architects: Büro Rolf Gutbrod/Frei Otto
services: structural
awards: Aga Khan Award for Architecture, 1980

JAN SMUTS AIRPORT, JOHANNESBURG, SOUTH AFRICA
1968–1973
client: Department of Public Works
architects: Eric Todd Austin & Sandilands / Daniel Smit & Viljoen
services: civil, structural, transportation planning

EMLEY MOOR TELEVISION TOWER, YORKSHIRE
1969–1972
client: Independent Television Authority
services: structural, geotechnics
awards: Concrete Society Award, 1972

CLINKER MILL WHARF, CHITTAGONG, BANGLADESH
1969–1977
client: Frigrite Industries Pty Limited
services: civil, structural, geotechnics

CARLSBERG BREWERY, NORTHAMPTON
1970–1973
client: Carlsberg Brewery Limited
architects: Knud Munk
services: civil, structural, geotechnics, mechanical, electrical & public health, project planning & management
awards: Concrete Society Award, 1980

BERRY LANE VIADUCT, HERTS
1971–1975
client: Department of Transport
services: civil,structural, geotechnics
awards: Concrete Society Award, 1976

CENTRE POMPIDOU, PARIS
1971–1977
client: Etablissement Public Du Centre Beaubourg
architects: Piano & Rogers
services: structural, geotechnics, mechanical, electrical & public health, project planning & management, fire safety
awards: Institution of Structural Engineers, Special Award, 1977

RUNNYMEDE BRIDGE, SURREY
1971–1978
client: Department of Transport
architects: Arup Associates
services: civil, structural, geotechnics
awards: Concrete Society Award, 1981

NATIONAL EXHIBITION CENTRE, BICKENHILL, BIRMINGHAM
1972–1975–1993
client: National Exhibition Centre
architects: Edward D. Mills & Partners/R. Seifert & Partners
services: civil, structural, geotechnics, mechanical, electrical & public health, transportation planning
awards: Structural Steel Design Awards 1976, 1989; European Convention for Steelwork, 1977; British Steel Corporation Award, 1981

JERANGAU-JABOR HIGHWAY, MALAYSIA
1972–1978
client: Government of Malaysia
services: economic consultancy, transportation planning, civil, structural, geotechnics

OVERSEAS & CHINESE BANKING CORPORATION, SINGAPORE
1972–1976
client: OCBC Centre (Private) Ltd
architects: I M Pei & Partners NY/BEP Akitek Singapore
services: structural, façade engineering

WORLD GARDEN EXHIBITION PAVILION, MANNHEIM, GERMANY
1973–1975
client: City of Mannheim
architects: Büro Mutschler + Partner
services: structural

HOPEWELL CENTRE, HONG KONG
1974–1979
client: Gordon Wu & Associates
architects: Gordon Wu & Associates
services: structural, geotechnics

TYNE & WEAR METRO, TYNE & WEAR
1974–1982
client: Tyne & Wear Passenger Transport Executive
architects: Renton Howard Wood Levin Partnership
services: civil, structural, geotechnics

THE BRITISH LIBRARY, LONDON
1975–(1996)
client: Property Services Agency
architects: Colin St John Wilson & Partners
services: structural, geotechnics

SHABANIE ASBESTOS MILL, ZIMBABWE
1975–1980
client: African Associated Mines
architects: Clinton & Evans
services: civil, structural, economic

Shabanie Asbestwerk, Simbabwe
1975–1980
Bauherr: African Associated Mines
Architekten: Clinton & Evans
Ingenieurleistungen: Tiefbau, Tragwerk, Kostenberatung

Schnellstraße Enugu-Umuahia, Nigeria
1976–1982
Bauherr: Bundesministerium für Gewerbe und Wohnen / Fougerolle Nigeria
Ingenieurleistungen: Tiefbau, Tragwerk

Kessock-Brücke, Inverness, Schottland
1976–1982
Bauherr: Scottish Development Agency
Ingenieurleistungen: Tiefbau, Tragwerk, Geotechnik
Auszeichnungen: Saltire Society Award, 1983
Structural Steel Design Award, 1983

Zementwerke, Berrima, Northern Territories, Australien
1976–1979
Bauherr: Blue Circle Southern Cement Ltd
Architekten: Peter Hall
Ingenieurleistungen: Tiefbau, Tragwerk, Projektplanung und -management
Auszeichnungen: The Association of Consulting Engineers, Australia, 1979; Concrete Institute of Australia, 1979

Universität Qatar, Doha, Qatar
1977–1985
Bauherr: Government of Qatar
Architekten: Dr Kamal El Kafrawi/Renton Howard Wood
Ingenieurleistungen: Tiefbau, Tragwerk, Geotechnik, Haustechnik, Projektplanung und -management

Schnellstraße Halban-Almaz Ahimiyah, Jeddah-Riyadh-Damman, Saudi-Arabien
1977–1982
Bauherr: Saudi-Arabisches Ministerium für Kommunikationswege
Ingenieurleistungen: Tiefbau, Tragwerk, Geotechnik, Projektplanung und -management

Fleetguard-Werke, Quimper, Frankreich
1977–1981
Bauherr: Fleetguard (Cummins Engine Co)
Architekten: Richard Rogers Partnership
Ingenieurleistungen: Tragwerk, Geotechnik, Haustechnik

Erweiterung der Staatsgalerie, Stuttgart, Deutschland
1978–1984
Bauherr: Land Baden-Württemberg
Architekten: James Stirling & Partners
Ingenieurleistungen: Tragwerk, Geotechnik, Haustechnik
Auszeichnungen: Deutscher Architekturpreis, 1985

Lloyd's of London, Neubau
1978–1986
Bauherr: Lloyd's of London (Insurance) Ltd
Architekten: Richard Rogers Partnership
Ingenieurleistungen: Tragwerk, Geotechnik, Haustechnik
Auszeichnungen: Institution of Structural Engineers Special Award, 1986; Civic Trust Award, 1987; PA Award for Innovation, 1987; Royal Institute of British Architects Award, 1988

Kylesku-Brücke, Schottland
1978–1984
Bauherr: Highland Regional Council
Ingenieurleistungen: Tiefbau, Tragwerk, Geotechnik
Auszeichnungen: Saltire Society Award, 1985; Concrete Society Award, 1985; Civic Trust Award, 1986

Straßenbauprojekt für Bengasi, Libyen
1978
Bauherr: Gemeinde Bengasi
Ingenieurleistungen: Verkehrsplanung, Tiefbau, Tragwerk, Geotechnik, Projektplanung und -management

Nationales Parlamentsgebäude, Papua-Neuguinea
1979–1984
Bauherr: Regierung von Papua-Neuguinea
Architekten: Cec Hogan & Peddle Thorp
Ingenieurleistungen: Tiefbau, Tragwerk

Hongkong & Shanghai Bank, Haupverwaltungsgebäude, Hongkong
1980–1986
Bauherr: HS Property Management Co
Architekten: Foster Associates
Ingenieurleistungen: Tragwerk, Geotechnik, Brandschutz
Auszeichnungen: Institution of Structural Engineers Special Award, 1986; PA Award for Innovation, 1987

Maureen-Feld, Gelenkige Ladesäule, Nordsee
1980–1982
Bauherr: Equipment Méchaniques et Hydrauliques SA
Ingenieurleistungen: Tragwerk

Stockley Park, Landsanierung und Infrastruktur, London
1981–(heute)
Bauherr: Trust Securities Ltd
Masterplan: Arup Associates
Ingenieurleistungen: Tiefbau, Tragwerk, Verkehrsplanung, Umwelttechnik
Auszeichnungen: Royal Town Planning Institute Award, 1987

Menil Collection Museum, Houston, Texas
1981–1986
Bauherr: Menil Foundation
Architekten: Piano & Fitzgerald
Ingenieurleistungen: Tragwerk, Haustechnik, Brandschutz

Auffüllung aufgegebener Kalksteinminen, West Midlands
1981–(heute)
Bauherr: Department of the Environment
Ingenieurleistungen: Tiefbau, Geotechnik

M40, Autobahn Oxford-Birmingham
1981–1990
Bauherr: Department of the Environment and Transport
Ingenieurleistungen: Tiefbau, Tragwerk, Geotechnik
Auszeichnungen: British Construction Industry Award, 1991

ENUGU-UMUAHIA EXPRESSWAY, NIGERIA
1976–1982
client: Federal Ministry of Works & Housing/Fougerolle Nigeria
services: civil, structural

KESSOCK BRIDGE, INVERNESS, SCOTLAND
1976–1982
client: Scottish Development Agency
services: civil, structural, geotechnics
awards: Saltire Society Award, 1983; Structural Steel Design Award, 1983

BERRIMA CEMENT WORKS, NORTHERN TERRITORIES, AUSTRALIA
1976–1979
client: Blue Circle Southern Cement Ltd
architects: Peter Hall
services: civil, structural, project planning & management
awards: The Association of Consulting Engineers, Australia, 1979; Concrete Institute of Australia, 1979

QATAR UNIVERSITY, DOHA, QATAR
1977 –1985
client: Government of Qatar
architects: Dr Kamal El Kafrawi/Renton Howard Wood
services: civil, structural, geotechnics, mechanical, electrical & public health, project planning & management

HALBAN-ALMAZ AHIMIYAH, JEDDAH-RIYADH-DAMMAN EXPRESSWAY, SAUDI ARABIA
1977–1982
client: Saudi Arabia Ministry of Communications
services: civil, structural, geotechnics, project planning & management

FLEETGUARD FACTORY, QUIMPER, FRANCE
1977–1981
client: Fleetguard (Cummins Engine Co)
architects: Richard Rogers Partnership
services: structural, geotechnics, mechanical, electrical & public health

STAATSGALERIE EXTENSION, STUTTGART, GERMANY
1978–1984
client: Land Baden-Württemberg
architects: James Stirling & Partners
services: structural, geotechnics, mechanical, electrical & public health
awards: Deutscher Architekturpreis, 1985

LLOYD'S OF LONDON REDEVELOPMENT
1978–1986
client: Lloyd's of London (Insurance) Ltd
architects: Richard Rogers Partnership
services: structural, geotechnics, mechanical, electrical & public health
awards: Institution of Structural Engineers Special Award, 1986; Civic Trust Award, 1987; PA Award for Innovation, 1987; Royal Institute of British Architects Award, 1988

KYLESKU BRIDGE, SCOTLAND
1978–1984
client: Highland Regional Council
services: civil, structural, geotechnics
awards: Saltire Society Award, 1985; Concrete Society Award, 1985; Civic Trust Award, 1986

BENGHAZI ROADS PROJECT, LIBYA
1978
client: Municipality of Benghazi
services: transportation planning, civil, structural, geotechnics, project planning & management

NATIONAL PARLIAMENT HOUSE, PAPUA NEW GUINEA
1979–1984
client: Government of Papua New Guinea
architects: Cec Hogan & Peddle Thorp
services: civil, structural

HONGKONG & SHANGHAI BANK HEADQUARTERS, HONG KONG
1980–1986
client: HS Property Management Co
architects: Foster Associates
services: structural, geotechnics, fire safety
awards: Institution of Structural Engineers Special Award, 1986; PA Award for Innovation, 1987

MAUREEN FIELD, ARTICULATED LOADING COLUMN, NORTH SEA
1980–1982
client: Equipment Méchaniques et Hydrauliques SA
services: structural

STOCKLEY PARK DEVELOPMENT INFRASTRUCTURE, LONDON
1981–(ongoing)
client: Trust Securities Ltd
masterplanning: Arup Associates
services: civil, structural, transportation planning, environmental services
awards: Royal Town Planning Institute Award, 1987

MENIL COLLECTION MUSEUM, HOUSTON, TEXAS
1981–1986
client: Menil Foundation
architects: Piano & Fitzgerald
services: structural, mechanical, electrical & public health, fire safety

LIMESTONE WORKINGS, WEST MIDLANDS
1981– (ongoing)
client: Department of the Environment
services: civil, geotechnics

M40, OXFORD-BIRMINGHAM MOTORWAY
1981–1990
client: Department of the Environment and Transport
services: civil, structural, geotechnics
awards: British Construction Industry Award, 1991

Touristendorf Yulara, Ayres Rock, Australien
1982–1984
Bauherr: Northern Territory Government
Architekten: Philip Cox & Partners
Ingenieurleistungen: Tiefbau, Tragwerk, Geotechnik
Auszeichnungen: Australian Institute of Landscape Architects, 1986; Royal Australian Institute of Architects, National Award, 1985; BHP Australian Steel Award, 1985

Schlumberger Research Ltd, Cambridge
1983–1985
Bauherr: Schlumberger Cambridge Research Ltd
Architekten: Michael Hopkins & Partners
Ingenieurleistungen: Tragwerk
Auszeichnungen: Royal Institute of British Architects Award, 1988; Constructa European Award for Industrial Architecture, 1985; Civic Trust Award, 1988

Pavillon der IBM-Technologie-Wanderausstellung
1983–1984
Bauherr: IBM (UK) Limited
Architekten: Renzo Piano Building Workshop
Ingenieurleistungen: Tragwerk, Haustechnik, Brandschutz

Liffey-Brücke, Dublin, Irland
1984–1990
Bauherr: Dublin County Council
Architekten: Brady, Shipman & Martin
Ingenieurleistungen: Tiefbau, Tragwerk, Geotechnik
Auszeichnungen: Irish Concrete Society 1990; Association of Consulting Engineers of Ireland, 1991

Münster von York, Wiederaufbau Dach
1984–1988
Bauherr: Dechant und Kapitel des Münsters von York
Architekten: Hinton Brown & Langstone
Ingenieurleistungen: Tragwerk
Auszeichnungen: Europa Nostra Award, 1990; Carpenters Award, 1989

Kraftwerk Shajiao 'B', Provinz Guandong, China
1984–1987
Bauherr: Joint venture (s. S. 69)
Ingenieurleistungen: Tragwerk
Auszeichnungen: British Construction Industry Award, 1988

Studie zum Verkehrsaufkommen für Ost-London
1984
Bauherr: Department of Transport
Ingenieurleistungen: Verkehrsplanung, Akustik, Umwelttechnik

Peterborough Southern Township, Cambridgeshire
1985–(heute)
Bauherr: Hanson plc
Stadtplanung: Shankland Cox
Ingenieurleistungen: Tiefbau, Geotechnik, Verkehrsplanung, Umwelttechnik

Clovis Gemeindekrankenhaus, Fresno, Kalifornien, USA
1985–1991
Bauherr: Stanford University
Architekten: Anshen & Allen
Ingenieurleistungen: Tragwerk, Haustechnik

Autobahn Shenzhen-Guangzhou (Kanton), China
1985–(im Bau)
Bauherr: Hopewell Holdings Ltd
Ingenieurleistungen: Tiefbau, Tragwerk, Geotechnik

Embankment Place, London
1985–1990
Bauherr: Greycoat City Offices plc
Architekten: Terry Farrell & Co
Ingenieurleistungen: Tragwerk, Geotechnik, Haustechnik
Auszeichnungen: Civic Trust Award, 1991; Structural Steel Design Award, 1991; Institution of Structural Engineers Special Award, 1992; Royal Institute of British Architects Award, 1992

Stadtsanierung Salford Quays, Manchester
1985–1993
Bauherr: Salford City Council
Ingenieurleistungen: Tiefbau, Tragwerk, Geotechnik, Verkehrsplanung, Umwelttechnik
Auszeichnungen: Royal Town Planning Institute Award, 1987; British Construction Industry Award, 1991

Moore Park Football-Stadion, Sydney, Australien
1986–1988
Bauherr: Sydney Cricket and Sports Ground Trust; Civil & Civic Pty Ltd
Architekten: Philip Cox Richardson Taylor & Partners
Ingenieurleistungen: Tragwerk, Tiefbau
Auszeichnungen: Institution of Engineers, Australia, 1988; Institution of Structural Engineers Special Award, 1988; Association of Consulting Engineers, Australia, 1989

Fußballstadion Bari, Carbonara, Italien
1986–1990
Bauherr: Commune di Bari
Architekten: Renzo Piano Building Workshop
Ingenieurleistungen: Tragwerk
Auszeichnungen: Institution of Structural Engineers Special Award, 1990

Europäischer Überschall-Windkanal, Köln, Deutschland
1986–1993
Bauherr: ETW GmbH
Ingenieurleistungen: Tiefbau, Tragwerk, Haustechnik, Projektplanung und -management

Plattform Ravenspurn North, Nordsee
1986–1989
Bauherr: Hamilton Bros Oil and Gas Ltd
Ingenieurleistungen: Tragwerk, Geotechnik
Auszeichnungen: Concrete Society Award, 1990
British Construction Industry Award, 1990

Century Tower, Bunkio-Ku, Tokio, Japan
1987–1991
Bauherr: Obunsha
Architekten: Foster Associates
Ingenieurleistungen: Tragwerk, Geotechnik
Auszeichnungen: Institution of Structural Engineers Special Award, 1992

YULARA TOURIST RESORT, AYRES ROCK, AUSTRALIA
1982–1984
client: Northern Territory Government
architects: Philip Cox & Partners
services: civil, structural, geotechnics
awards: Australian Institute of Landscape Architects, 1986; Royal Australian Institute of Architects, National Award, 1985; BHP Australian Steel Award, 1985

SCHLUMBERGER RESEARCH LTD, CAMBRIDGE
1983–1985
client: Schlumberger Cambridge Research Ltd
architects: Michael Hopkins & Partners
services: structural
awards: Royal Institute of British Architects Award, 1988; Constructa European Award for Industrial Architecture, 1985; Civic Trust Award, 1988

IBM TRAVELLING TECHNOLOGY EXHIBITION PAVILION
1983–1984
client: IBM (UK) Limited
architects: Renzo Piano Building Workshop
services: structural, mechanical, electrical & public health, fire safety

LIFFEY BRIDGE, DUBLIN, IRELAND
1984–1990
client: Dublin County Council
architects: Brady, Shipman & Martin
services: civil, structural, geotechnics
awards: Irish Concrete Society, 1990; Association of Consulting Engineers of Ireland, 1991

YORK MINSTER CATHEDRAL ROOF RECONSTRUCTION
1984–1988
client: Dean & Chapter of York Minster
architects: Hinton Brown & Langstone
services: structural
awards: Europa Nostra Award, 1990
Carpenters Award, 1989

SHAJIAO 'B' POWER STATION, GUANDONG, CHINA
1984–1987
client: Joint venture (see p. 69)
services: structural
awards: British Construction Industry Award, 1988

EAST LONDON TRAFFIC ASSESSMENT STUDY
1984
client: Department of Transport
services: transportation planning, acoustics, environmental services

PETERBOROUGH SOUTHERN TOWNSHIP, CAMBRIDGESHIRE
1985– (ongoing)
client: Hanson plc
urban planners: Shankland Cox
services: civil, geotechnics, transportation planning, environmental services

CLOVIS COMMUNITY HOSPITAL, FRESNO, CALIFORNIA
1985–1991
client: Stanford University
architects: Anshen & Allen
services: structural, mechanical, electrical & public health

SHENZHEN GUANGZHOU MOTORWAY, CHINA
1985– (under construction)
client: Hopewell Holdings Ltd
services: civil, structural, geotechnics

EMBANKMENT PLACE, LONDON
1985–1990
client: Greycoat City Offices plc
architects: Terry Farrell & Co
services: structural, geotechnics, mechanical, electrical & public health
awards: Civic Trust Award, 1991; Structural Steel Design Award, 1991; Institution of Structural Engineers Special Award, 1992; Royal Institute of British Architects Award, 1992

SALFORD QUAYS REDEVELOPMENT, MANCHESTER
1985–1993
client: Salford City Council
services: civil, structural, geotechnics, transportation planning, environmental services
awards: Royal Town Planning Institute Award, 1987; British Construction Industry Award, 1991

MOORE PARK FOOTBALL STADIUM, SYDNEY, AUSTRALIA
1986–1988
client: Sydney Cricket and Sports Ground Trust; Civil & Civic Pty Ltd.
architects: Philip Cox Richardson Taylor & Partners
services: structural, civil
awards: Institution of Engineers, Australia, 1988; Institution of Structural Engineers Special Award, 1988; Association of Consulting Engineers, Australia, 1989

BARI FOOTBALL STADIUM, CARBONARA, ITALY
1986–1990
client: Commune di Bari
architects: Renzo Piano Building Workshop
services: structural
awards: Institution of Structural Engineers Special Award, 1990

EUROPEAN TRANSONIC WIND TUNNEL, COLOGNE, GERMANY
1986–1993
client: ETW GmbH
services: civil, structural, mechanical, electrical & public health, project planning & management

RAVENSPURN NORTH PLATFORM, NORTH SEA
1986–1989
client: Hamilton Bros Oil and Gas Ltd
services: structural, geotechnics
awards: Concrete Society Award, 1990; British Construction Industry Award, 1990

Fundamentplatte und Einzelfundamente, Canary Wharf, London
1987–1989
Bauherr: Olympia & York Canary Wharf
Architekten: IM Pei & Partners/Skidmore Owings Merrill/Kohn Pederson Fox
Ingenieurleistungen: Tragwerk, Geotechnik

Ponds Forge Schwimmbäder, Sheffield
1987–1991
Bauherr: City of Sheffield
Architekten: Faulkner-Brown
Ingenieurleistungen: Tiefbau, Tragwerk, Geotechnik, Haustechnik
Auszeichnungen: British Construction Industry Award, 1991

Bracken House, London
1987–1991
Bauherr: Obayashi Europe BV/Industrial Bank of Japan
Architekten: Michael Hopkins & Partners
Ingenieurleistungen: Tragwerk, Geotechnik, Haustechnik, Brandschutz, Nachrichtentechnik
Auszeichnungen: British Construction Industry Award, 1992; Royal Institute of British Architects Award, 1992; City Heritage Award, 1992

Kühlraum-Hauptentwicklungsprogramm, Simbabwe
1988–1990
Bauherr: Kühlraumkommission von Simbabwe
Ingenieurleistungen: Tiefbau, Tragwerk, Haustechnik, Kostenberatung

Sodaasche-Werk, Botswana
1988–1991
Bauherr: Uhde (Pty) Ltd/LTA Process Engineering (Pty)
Ingenieurleistungen: Tiefbau, Tragwerk, Geotechnik, Projektplanung und -management
Auszeichnungen: South African Institute of Steel Construction

Torre de Collserola, Barcelona, Spanien
1988–1991
Architekten: Foster Associates
Ingenieurleistungen: Tragwerk, Geotechnik

Flughafen Kansai, Abfertigungsgebäude, Osaka, Japan
1988–1994
Bauherr: Kansai International Airport Co Ltd
Architekten: Renzo Piano Building Workshop/Nikkon Sekkei
Ingenieurleistungen: Tragwerk, Haustechnik, Brandschutz

Kwun Tong Umgehungsstraße, Phase 2, Hongkong
1988–1991
Bauherr: Bouygues Dragages
Ingenieurleistungen: Tiefbau, Tragwerk, Geotechnik

Pabellón del Futuro, Expo '92, Sevilla, Spanien
1989–1992
Architekten: Martorell Bohigas Mackay
Ingenieurleistungen: Tragwerk, Geotechnik
Auszeichnungen: Institution of Structural Engineers Special Award, 1992

Central Plaza, Wanchai, Hongkong
1989–1992
Bauherr: Sun Hung Kai Properties Ltd
Architekten: Ng Chun Man & Associates
Ingenieurleistungen: Tragwerk, Geotechnik
Auszeichnungen: Institution of Structural Engineers Special Award, 1992

Bank City, Johannesburg, Südafrika
1989–(1995)
Bauherr: First National Bank of SA Ltd
Architekten: Revel Fox/RFB Inc/Meyer Pienaar Smith Inc/GAPS
Ingenieurleistungen: Tiefbau, Tragwerk, Geotechnik, Projektplanung und -management

Governor Phillip Tower, Sydney, Australien
1989–1993
Bauherr: State Authorities Superannuation Board
Architekten: Denton Corker Marshall
Ingenieurleistungen: Tiefbau, Tragwerk, Fassadentechnik
Auszeichnungen: Institution of Engineers, Australia, 1993; Association of Consulting Engineers, Australia, 1993

Britischer Pavillon, Expo '92, Sevilla, Spanien
1989–1991
Bauherr: Department of Trade & Industry
Architekten: Nicholas Grimshaw & Partners
Ingenieurleistungen: Tragwerk, Geotechnik, Haustechnik
Auszeichnungen: British Construction Industry, 1992; Structural Steel Design Award, 1993

Tour Sans fins, Paris, Frankreich
1989–(1999)
Bauherr: SCI – TSF
Architekten: Jean Nouvel & Associés
Ingenieurleistungen: Tragwerk

Channel Tunnel-London High Speed Rail Link
1989–(heute)
Bauherr: British Rail/Kent Rail Joint Venture
Ingenieurleistungen: Kostenberatung, Verkehrsplanung, Geotechnik, Tiefbau, Akustik, Umwelttechnik

Toyota UK Automontagewerk, Burnaston, England
1989–1992
Bauherr: Toyota Motor Manufacturing UK Ltd.
Architekten: The Weedon Partnership
Ingenieurleistungen: Tiefbau, Tragwerk, Geotechnik, Haustechnik, Verkehrsplanung, Umwelttechnik

Hôtel du Département, Marseille, Frankreich
1990–1994
Bauherr: Département des Bouche-du-Rhône
Architekten: Alsop & Lyall
Ingenieurleistungen: Tragwerk, Haustechnik

BA Wartungshangar, Cardiff
1990–1993
Bauherr: British Airways
Architekten: Alex Gordon Partnership
Ingenieurleistungen: Tiefbau, Tragwerk, Geotechnik, Verkehrsplanung, Brandschutz, Umwelttechnik, Akustik, Projektplanung und -management

CENTURY TOWER, BUNKYOKU, TOKYO, JAPAN
1987–1991
client: Obunsha
architects: Foster Associates
services: structural, geotechnics
awards: Institution of Structural Engineers Special Award, 1992

TRANSFER SLAB AND FOUNDATIONS, CANARY WHARF, LONDON
1987–1989
client: Olympia & York Canary Wharf
architects: I M Pei & Partners/Skidmore Owings Merrill/Kohn Pederson Fox
services: structural, geotechnics

PONDS FORGE SWIMMING POOLS, SHEFFIELD
1987–1991
client: City of Sheffield
architects: Faulkner-Brown
services: civil, structural, geotechnics, mechanical, electrical & public health
awards: British Construction Industry Award, 1991

BRACKEN HOUSE, LONDON
1987–1991
client: Obayashi Europe BV/Industrial Bank of Japan
architects: Michael Hopkins & Partners
services: structural, geotechnics, mechanical, electrical & public health, fire safety, telecommunications
awards: British Construction Industry Award, 1992; Royal Institute of British Architects Award, 1992; City Heritage Award, 1992

COLD STORAGE CAPITAL DEVELOPMENT PROGRAMME, ZIMBABWE
1988–1990
client: Cold Storage Commission of Zimbabwe
services: civil, structural, mechanical, electrical & public health, economic consultancy

SODA ASH PLANT, BOTSWANA
1988–1991
client: Uhde (Pty) Ltd/LTA Process Engineering (Pty)
services: civil, structural, geotechnics, project planning & management
awards: South African Institute of Steel Construction

TORRE DE COLLSEROLA, BARCELONA, SPAIN
1988–1991
architects: Foster Associates
services: structural, geotechnics

KANSAI INTERNATIONAL AIRPORT TERMINAL BUILDING, OSAKA, JAPAN
1988–1994
client: Kansai International Airport Co Ltd
architects: Renzo Piano Building Workshop/Nikkon Sekkei
services: structural, mechanical, electrical & public health, fire safety

KWUN TONG BYPASS, PHASE 2, HONG KONG
1988–1991
client: Bouygues Dragages
services: civil, structural, geotechnics

PAVILION OF THE FUTURE, EXPO '92, SEVILLE, SPAIN
1989–1992
architects: Martorell Bohigas Mackay
services: structural, geotechnics
awards: Institution of Structural Engineers Special Award, 1992

CENTRAL PLAZA, WANCHAI, HONG KONG
1989–1992
client: Sun Hung Kai Properties Ltd
architects: Ng Chun Man & Associates
services: structural, geotechnics
awards: Institution of Structural Engineers Special Award, 1992

BANK CITY, JOHANNESBURG, SOUTH AFRICA
1989–(1995)
client: First National Bank of SA Ltd
architects: Revel Fox/RFB Inc/Meyer Pienaar Smith Inc/GAPS
services: civil, structural, geotechnics, project planning & management

GOVERNOR PHILLIP TOWER, SYDNEY, AUSTRALIA
1989–1993
client: State Authorities Superannuation Board
architects: Denton Corker Marshall
services: civil, structural, façade engineering
awards: Institution of Engineers, Australia, 1993; Association of Consulting Engineers, Australia, 1993

UK PAVILION EXPO 92, SEVILLE, SPAIN
1989–1991
client: Department of Trade & Industry
architects: Nicholas Grimshaw & Partners
services: structural, geotechnics, mechanical, electrical & public health
awards: British Construction Industry, 1992; Structural Steel Design Award, 1993

TOUR SANS FINS, PARIS, FRANCE
1989–(1999)
client: SCI–TSF
architects: Jean Nouvel & Associés
services: structural

CHANNEL TUNNEL-LONDON HIGH SPEED RAIL LINK
1989–(ongoing)
client: British Rail/Kent Rail Joint Venture
services: economic consultancy, transportation planning, geotechnics, civil, acoustics, environmental services

TOYOTA UK CAR MANUFACTURING PLANT, BURNASTON, ENGLAND
1989–1992
client: Toyota Motor Manufacturing UK Ltd.
architects: The Weedon Partnership
services: civil, structural, geotechnics, mechanical, electrical & public health, transportation planning, environmental services

Gas-Pipeline, Moray Firth, Schottland
1991–1993
Bauherr: British Gas, Scotland
Ingenieurleistungen: statische Analyse

Hongkong Stadion, So Kon Po, Hongkong
1991–(1995)
Bauherr: Royal Hong Kong Jockey Club
Architekten: HOK International Ltd
Ingenieurleistungen: Tragwerk, Geotechnik

Commerzbank, Frankfurt/M., Deutschland
1991–(1997)
Bauherr: Commerzbank
Architekten: Sir Norman Foster & Partners
Ingenieurleistungen: Tragwerk, Geotechnik, Brandschutz, Projektplanung und -management

Hochstraßen- und -bahnsystem, Bangkok, Thailand
1992–(2000)
Bauherr: Hopewell (Thailand) Ltd. mit dem Verkehrsministerium und den Staatsbahnen, Thailand
Ingenieurleistungen: Tiefbau, Tragwerk, Geotechnik, Haustechnik, Verkehrsplanung, Brandschutz, Akustik

Schwimm- und Radsporthalle, Berlin, Deutschland
1992–(1997)
Bauherr: Olympia 2000 Sportstättenbauten GmbH OSB
Architekten: Dominique Perrault Associés
Ingenieurleistungen: Tragwerk, Haustechnik

GSW Kochstraße, Berlin, Deutschland
1992–(1996)
Bauherr: Gemeinnützige Siedlungs- und Wohnungsbaugesellschaft Berlin mbH
Architekten: Sauerbruch & Hutton
Ingenieurleistungen: Tragwerk, Geotechnik, Haustechnik

Hauptverwaltung des Finanzamts, Nottingham
1992–1994
Bauherr: Inland Revenue
Architekten: Michael Hopkins & Partners
Ingenieurleistungen: Tragwerk, Geotechnik, Haustechnik

Verkehrsstudie Southampton, Hampshire
1992–1993
Bauherr: Hampshire County Council
Ingenieurleistungen: Verkehrsplanung

Automobilzusammenstoß: Seitenwirkungsanalyse
1992–1993
Bauherr: Ford Motor Co Ltd
Ingenieurleistungen: statische Analyse

ØRESUND-Verbindung zwischen Dänemark und Schweden
1993–(heute)
Bauherr: Oresundskonsortiet
Ingenieurleistungen: Tiefbau, Tragwerk, Geotechnik, Verkehrsplanung, Umwelttechnik

HOTEL DU DEPARTEMENT, MARSEILLE, FRANCE
1990–1994
client: Département des Bouche-du-Rhône
architects: Alsop & Lyall
services: structural, mechanical, electrical & public health

BA MAINTENANCE HANGAR, CARDIFF
1990–1993
client: British Airways
architects: Alex Gordon Partnership
services: civil, structural, geotechnics, transportation planning, fire safety, environmental services, acoustics, project planning & management

MORAY FIRTH GAS PIPELINE, SCOTLAND
1991–1993
client: British Gas, Scotland
services: structural analysis

HONG KONG STADIUM, SO KON PO, HONG KONG
1991–(1995)
client: Royal Hong Kong Jockey Club
architects: HOK International Ltd
services: structural, geotechnics

COMMERZBANK, FRANKFURT/M., GERMANY
1991–(1997)
client: Commerzbank
architects: Sir Norman Foster & Partners
services: structural, geotechnics, fire safety, project planning & management

BANGKOK ELEVATED ROAD & TRAIN SYSTEM, THAILAND
1992–(2000)
client: Hopewell (Thailand) Ltd. in association with Ministry of Transport and Planning, Thailand and The State Railways of Thailand
services: civil, structural, geotechnics, mechanical, electrical & public health, transportation planning, fire safety, acoustics

SWIMMING POOL AND CYCLE STADIUM, BERLIN, GERMANY
1992–(1997)
client: Olympia 2000 Sportstättenbauten GmbH OSB
architects: Dominique Perrault Associés
services: structural, mechanical, electrical & public health

GSW KOCHSTRASSE, BERLIN, GERMANY
1992–(1996)
client: Gemeinnützige Siedlungs- und Wohnungsbaugesellschaft Berlin mbH
architects: Sauerbruch & Hutton
services: structural, geotechnics, mechanical, electrical & public health

INLAND REVENUE HEADQUARTERS, NOTTINGHAM
1992–1994
client: Inland Revenue
architects: Michael Hopkins & Partners
services: structural, geotechnics, mechanical, electrical & public health

SOUTHAMPTON TRANSPORTATION SURVEY, HAMPSHIRE
1992–1993
client: Hampshire County Council
services: transportation planning

CAR COLLISION : SIDE IMPACT ANALYSIS
1992–1993
client: Ford Motor Co Ltd
services: structural analysis

ØRESUND LINK CROSSING, DENMARK–SWEDEN
1993– (ongoing)
client: Oresundskonsortiet
services: civil, structural, geotechnics, transportation planning, environmental services

Ausgewählte Bibliographie

Selected Bibliography

Allgemeines / General

AIA awards 10 institute honors, in: Memo, American Institute of Architects, Washington (1992), p. 15.

Allen, J. D.: Ove Arup. How to grow without really trying, in: Construction News (1987-04-16), p. 16–17.

American Iron and Steel Institute: Fire-safe structural steel. A design guide. Washington, AISI: 1979.

Architecture and engineering. Ove Arup & Partners, in: Kenchiku Bunka 47 (1992) Feb., no. 544.

Architekten – Ove Arup und Partner. Bibliographie, IRB Stuttgart (Hg.) Stuttgart, IRB-Verlag: 2/1990.

Arup, O.: Ove Arup, in: Architects' Journal, London 187 (1988) 7, p. 24–26.

Arups sweeps the board, in: Architects' Journal, London 174 (1981) 32, p. 288–291.

Balmond, C.: Informelles Konstruieren, in: Arch+ (1993), p. 117.

Battle, G.: Membranen für eine wohltemperierte Umwelt, in: Arch+ (1991) 107, p. 34–38.

Battle, G.; McCarthy, C.: Die Fassade als Klimamodulator, in: Arch+ (1992) 113, p. 57.

Benaim, R.; Arup, O.: The future of prestressed concrete, in: Concrete, London 12 (1978) 5, p. 12–14.

Brookes, A. J.; Grech, C.: The building envelope. London, Butterworth: 1990. Deutsch: Das Detail in der High-Tech-Architektur. Basel Berlin Boston, Birkhäuser: 1991.

Brookes, A. J.; Grech, C.: Connections. Studies in building assembly. Oxford, Butterworth: 1992. Deutsch: Konstruktive Lösungen in der High-Tech-Architektur. Basel Berlin Bosten, Birkhäuser: 1993.

Cable, C.: Ove Arup / Ove Arup and Partners / Arup Associates. A bibliography of articles. Monticello/Ill., Vance Bibliographies: 1985.

Croft, D.-D.: The GLADYS computer system for the design of reinforced concrete elements, in: Structural Engineer 56A (1978) 10, p. 282–286.

Davies, C.: Arup approaches, in: Architectural Review, London 171 (1987) 1083, p. 47–51.

Dietsch, D.K.: Ove Arup and Partners: The engineer as designer, in: Architectural Record 175 (1987) 10, p. 122–123.

Dunican, P.: Structural engineering. Some social and political implications, in: The Structural Engineer 55 (1977) 12, p. 531–534.

Dunican, P.: The importance of being an engineer, in: Twentieth Century, London 172 (1962), p. 1014.

Dunican, P.: The art of structural engineering, in: The Structural Engineer 44 (1966) 3, p. 97–108.

Dunican, P.: Collaboration architectes – ingénieurs en Grande Bretagne, in: L'architecture d'aujourd'hui (1961) 99, p. 40–43.

Exploring materials. The work of Peter Rice, Royal Gold Medallist 1992. London, RIBA Gallery: 1992.

Fisher, T.: The Engineer as artisan, in: Progressive Architecture (1989), p. 69.

Foster, N.; Chipperfield, D.; Rice, P.: Technologia y arquitectura, in: Quaderns (1989) 178, p. 120–125.

Goldberger, P.: Renzo Piano and building workshop. Buildings and projects 1971–1989. New York, Rizzoli: 1989.

Groák, S.: The idea of building. London, E & FN Spon: 1992.

Gruber, D.: Reflections on a consummate artisan, in: Progressive Architecture (1992), p. 84.

Gurney, J.-D.: Heat recovery applied to building design. London, Ove Arup & Partners: o.J.

Hagen-Hodgson, P.: Vor-denken, Nach-denken. Geschichte und neueste Arbeiten von Ove Arup und Partner, in: Werk, Bauen und Wohnen, Zürich 80/47 (1993) 5, p. 32–44.

Ingenieurbüro Ove Arup Partnership, in: Arch+ (1991) 107, p. 92.

Königliches Gold. Royal Gold Medal an Peter Rice verliehen, in: Baumeister (1992) 7, p. 6.

Le goût de l'ingénierie, in: Archit. d'Aujourd'hui (1990) 267, p. 74–140.

Ove Arup: 1895–1988, in: Progressive Architecture (1988), p. 26.

Ove Arup Partnership: Lightweight structures, in: Building, London 244 (1983) 7295, p. 28–33.

Ove Arup Partnership: Study into steelwork computing systems, final report. London, Ove Arup Partnership: 1980.

Ove Arup Partnership: The missing link, in: Building, London 254 (1989) 7593, p. 88–89.

Ove Arup & Partners: Combined heat and power. Economic study for a medium scale scheme. London, Ove Arup & Partners: 1983.

Ove Arup & Partners: The design of deep beams in reinforced concrete. London, CIRIA: o.J.

Ove Arup & Partners. 1946–1986. London, Academy Editions: 1986.

Parkyn, N.: A blend of old and new, in: Building, London (1989), p. 30–33.

Pawley, M.: Inside the Arup archipelago, in: World Architecture (1992).

Pearman, H.: Secrets of the Arup archipelago, in: World Architecture (1992) Jul, p. 76–81.

Rice, P.; Arup, O.: A celebration of the life and work of Ove Arup, in: Royal Society of Arts Journal 137 (1989), p. 425–437.

Rice, P.: An engineer imagines. London–Zürich, Artemis: 1994.

Rice, P.: Gedanken über das Konstruieren, in: Sommer, D. (Hg.): Industriebauten gestalten. Wien, Picus: 1989.

Rice, P.: Gleichgewicht und Spannung. Equilibre et tension, in: Archithese 81 (1990) 2, p. 84–96.

Rice, P.: Konstruktive Intelligenz, in: Arch+ (1990) 102, p. 42–45.

Rice, P.: Long spans and soft skins, in: Consulting Eng., London 45 (1981) 7, p. 10–12.

Simonnet, C. ; Mialet, F.: L'imaginaire technique en question, in: Architecture interieure CREE 3 (1991) 244, p. 72–88.

Sudjic, D. et al.: Norman Foster, Richard Rogers, James Stirling. New directions in British architecture. London, Thames and Hudson: 1986.

Sugdan, D.: Der Skelettbau von Arkwright bis Arup. Entwicklung des Skelettbaus in Großbritannien seit dem 18. Jahrhundert bis zu Arup Associates und Ove Arup and Partners, in: Baukultur (1986) 5, p. 3–14.

Walker, D.: The great engineers. The art of British engineers 1837–1987. London, Academy Editions: 1987.

Yeomans, D. T. ; Cottam, D.: An architect/engineer collaboration – the Tecton/Arup flats, in: Structural Eng. 67 (1989) 10, p. 183–188.

Zunz, G. J.: Matters of concern, in: The Structural Eng. 67 (1989) 10, p. 191–195.

The Arup Journal, Vierteljahresschrift, veröffentlicht von der Ove Arup Partnership, London. Vol. 1 (1966), Vol. 29 (1994) etc.
Viele Projekte von Arup werden in dieser Zeitschrift vorgestellt. Themenhefte sind außergewöhnlichen Projekten wie dem Centre Pompidou, der Hongkong Bank, dem Opernhaus von Sydney oder der Plattform Ravenspurn gewidmet. Häufig werden auch allgemeine Themen behandelt. Die Ausgabe zum 25jährigen Firmenjubiläum (April 1971) enthält eine Übersicht über die ersten Jahrzehnte. Die Ausgabe zu Ove Arups 90. Geburtstag (Frühjahr 1985) bringt seine große „Schlüsselrede" und andere Texte zur 'Philosophie' des Büros.

The Arup Journal, a quarterly, published by Ove Arup Partnership, London. Vol. 1 (1966), Vol. 29 (1994) etc.
Most of Arups' projects are covered by this journal. Special issues are devoted to extraordinary projects, such as Centre Pompidou, Hongkong Bank, Sydney Opera, Ravenspurn North. Many issues also deal with matters of general interest. The 25th anniversary issue (April 1971) gives a survey of Arups' first decades. The Ove Arup 90th birthday issue (Spring 1985) contains his "key speech" and other papers explaining the philosophy of the firm.

Ausgewählte Projekte / Selected Projects

BARCELONA

Zwei Fernmeldetürme in Barcelona. Hochspannung, in: Baumeister 89 (1992) 6, p. 36–37.

BARI

Hamm, O.: Raumschiff. Stadion in Bari, Italien, in: Deutsche Bauzeitung 125 (1981) 5, p. 64–67.

Piano, R.: Lo stadio di Bari e il sincrotrone di Grenoble, in: Casabella 61 (1987) 536, p. 54–63.

Rice, P.: Bari, in: Stadtbauwelt 81 (1990) 106, p. 1220–1221.

BERLIN

Daniel Libeskind. City edge competition, Berlin. First prize, in: AA-files (1987) 14, p. 28–35.

Hoffmann-Axthelm, D.: Mit dem Fernrohr auf dem Leipziger Platz. Kommentar zu den Wettbewerben Daimler Benz und Sony am Potsdamer Platz, in: Bauwelt 83 (1992) 38, p. 2196–2201.

Schroth, S.: Auf 2.70 × 20.00 Meter. Zaha Hadids Projekt für den Kurfürstendamm, in: Daidalos (1986) 22, p. 98–103.

Hagen-Hodgson, P.: Die doppelte Bedeutung des Großstadtklimas. GSW-Hauptverwaltung in Berlin, Projekt, 1990, in: Werk, Bauen und Wohnen, Zürich (1992) 11, p. 28–33.

Hadid, Zaha: Office building in Berlin, in: AA-files (1986) 12, p. 28–34.

BURNASTON

Ridout, G.: At full throttle, in: Building (1992) Feb, p. 46–50.

CHANNEL TUNNEL

Branson, C.: Revealed. Route of the tunnel rail link, in: Chartered Surveyor Weekly 26 (1989) 10, p. 5.

Jones, H.: Route to acceptance, in: New Civil Eng. (1989) 848, p. 21–23.

U.K. link switches track, in: ENR, New York (1991) p. 20.

CHUR

Gesamtüberbauungsplan Bahnhofgebiet Chur. Projekt 1988/89, in: Werk, Bauen und Wohnen, Zürich 78/45 (1991) 3, p. 14–15.

FRANKFURT

Metz, T.: The new downtown, in: Architectural Record 180 (1992) 6, p. 80–90.

Commerzbank Frankfurt, in: Arch+ (1992) 113, p. 70–71.

Commerzbank Headquarters, Frankfurt am Main, in: Architectural Monographs (1992) 20, p. 133–137.

Die Entscheidung fiel „einstimmig". Neues Hochhausprojekt der Commerzbank AG in Frankfurt, in: DBZ 39 (1991) 11, p. 1564.

Two towers in Frankfurt, in: Architectural Review 190 (1992) 5, p. 56–61.

HAMBURG

Cook, P.: St. Pauli–Millentor-Landungsbrücke project, Hamburg, in: AA-files (1987) 15, p. 50–53.

Fähr- und Kreuzfahrtterminal am ehemaligen Altonaer Fischereihafen, in: Bauwelt 80 (1989) 27, p. 1296–1297.

Joas, G.-A.: Gestutztes Tor zur Welt. Fähr- und Kreuzfahrtterminal am Altonaer Fischereihafen, in: Bauwelt 84 (1993) 7, p. 282–285.

HONGKONG

La foresta nella rete. Hong Kong Park Aviary, in: L'arca (1992) 57, p. 82–85.

Bank, in: Arch+ 19 (1987) 89, p. 36–43.

Davey, P.: The Hongkong and Shanghai Bank, in: Architectural Review 179 (1986) 1070, p. 30–54, 116–117.

Die Hongkong Bank, in: Detail 26 (1986) 4, p. 357–366.

Hongkong Bank, in: Deutsche Bauzeitung 120 (1986) 5, p. 46–50.

Hongkong und Shanghai Bank, in: Architektur und Technik, Schweizer Baufachzeitschrift 10 (1987) 5, p. 7–16.

Hongkong und Shanghai Bank, in: DBZ 34 (1986) 9, p. 1069–1078.

Lampugnani, V.-M.: Hongkong and Shanghai Bank, in: Domus (1986) 674, p. 34–47.

Zunz, G. J. et al.: The structure of the new headquarters for the Hongkong and Shanghai Banking Corporation, Hongkong, in: Structural Eng. A 63 (1985) 9, p. 255–284, and: The Arup Journal 20 (1985) 4.

HOUSTON

Angelil, M. M.: Konstruktionen für das Licht. Die Menil Collection in Texas und das Lowara-Bürohaus in Montecchio, in: Werk, Bauen und Wohnen, Zürich 74/41 (1987) 12, p. 30–35.

Menil Collection Museum in Houston, Texas, in: Detail 28 (1988) 3, p. 285–290.

Menil Museum, in: Arch+ (1990) 102, p. 37–41.

Menil-Sammlung in Houston, USA, in: DBZ 36 (1988) 6, p. 795–798.

Museo Menil Houston, in: Domus (1987) 685, p. 32–43.

Papademetriou, P.C.: The responsive box. The Menil Collection, in: Progressive Architecture 68 (1987) 5, p. 87–97.

Rodermond, J.: Menilmuseum in Houston, USA, in: De Architect 18 (1987) 5, p. 46–53.

KANSAI

Aéroport du Kansai, in: Arch. d'aujourd'hui (1989) 261, p. 42–53.

Dilley, P.: Kansai International Airport, in: Airports and Automation. London, Thomas Telford Services Ltd: 1992, p. 31–36.

Ferguson, M.: Kansai's race against time, in: New Civil Eng. (1988) 798, p. 30–33.

Flughafen Osaka – Kansai International. Aus dem Erläuterungsbericht des Architekten, in: Stadtbauwelt (1989) 101, p. 534–537.

Furudoi, T.: Outline of Kansai International Airport construction plan, in: Civil Engng in Japan 22 (1983) p. 46–57.

Gehbauer, F.: Der Bau des neuen Kansai Flughafens in Japan, in: Die Bautechnik A 70 (1993) 4, p. 225–233.

Kashimura, M.: Introducing the Kansai International Airport, in: Civil Engng in Japan 25 (1986), p. 117–133.

Lampugnani, V. M.: Il concorso per l'aeroporto internazionale di Kansai, Osaka, in: Domus (1989) 705, p. 34–51.

Momberger, M.: The Kansai International Airport passenger terminal building, in: Bull. IASS 21 (1991) 6, p. 12–17.

Passades, H.; Mangnall, D.: Kansai International Airport, in: New Steel Construction (1993) p. 8.

Piano, R.: Mecanico y organico. Kansai, un nuevo aeroporto para Osaka, in: Arquitectura Viva 29 (1993) Mar/Apr, p. 52–59.

Result of the design competition – the Kansai International Airport, passenger terminal building, in: The Japan Architect (1989) 385, p. 6–10.

Sedgwick, A.L. et al.: Lighting design for Kansai International Airport in Japan, in: CIBSE Nat. Lighting Conf. (1992) p. 18–28.

KÖLN

Deutsche Forschungs- und Versuchsanstalt für Luft- und Raumfahrt e.V. in Köln-Porz, in: Hochtief-Nachrichten 57 (1984) 1, p. 2–18.

Greeman, A.: It's a chill wind, in: Construction Today (1990) Dec, p. 34–37.

Stadhouders, F.: NL Köln – Deutsch-Niederländischer Windkanal, in: B-aktuell (1978) 2, p. 60–62.

Tanner, R.-G.; Wielgosch, D.: Überschallflug in der Halle. Transschall-Windkanal in Köln, in: Beton 42 (1992) 1, p. 14–16.

KYLESKU

Barfoot, J.: Bridging the waters of Kylesku, in: Concrete 18 (1984) 9, p. 31–37.

Ciampoli, M.: Il ponte de Kylesku in Scozia – impalcato in c.a.p. e campata centrale parzialmente prefabbricata. The Kylesku bridge in Scotland – a prestressed concrete deck with a partially precast central span, in: L'industria italiana del cemento 57 (1987) 613, p. 458–471.

Kylesku Bridge completed, in: Civil Engng. (1984) Sept., p. 58–63.

Martin, J.-M.: The construction of Kylesku bridge, in: Proc. Instn. of Civil Engs. 182 (1987), p. 435–436.

Nissen, J. et al.: The design of Kylesku Bridge, in: Struct. Eng. A 63 (1985) 3, p. 69–76.

Ridout, T.: Arup's geometric puzzle puts Morrison on the map, in: Contract Journal 136 (1983) 5430, p. 16–19.

LONDON

Barbican Centre in London, in: DBZ 30 (1982) 12, p. 1685–1688.

Bracken House, London, in: Detail (1992) 5, p. 477–482.

Bracken House. Umbau und Ergänzung eines ehemaligen Verlagsgebäudes in der City of London, in: Bauwelt 83 (1992) 34, p. 1904–1915.

Buchmann, F.U.: Lloyd's, London, in: Der Stahlbau 56 (1987) 6, p. 181–182.

Hollander, J.: Rogers Lloydskantoor in London, in: De Architekt 17 (1986) 7/8, p. 27–33.

Lloyd's of London, in: Glasforum 37 (1987) 2, p. 9–18.

Lloyd's of London, in: Architektur und Technik, Schweizer Baufachzeitschrift 11 (1988) 2, p. 2–14.

Lloyd's of London, in: Baumeister 83 (1986) 11, p. 14–21.

Pawley, M.; Davies, C.: Lloyd's de Londres, in: Arch. d'aujourd'hui (1986) 247, p. 2–19.

Rice, P.; Thornton, J.-A.: Lloyd's redevelopment, in: Structural Eng. A 64 (1986) 10, p. 265–281.

Spagnoli, R.: Il nuovo edificio dei Lloyd's a Londra, in: L'industria italiana del cemento 58 (1988) 622, p. 284–301.

Wang, W.: Edificio Lloyd's, Londra, in: Domus (1987) 680, p. 25–37.

Contal, M. H.: Stockley Park, in: Architecture Interieure CREE (1989) 231, p. 103–109.

Davey, P.: Stockley Park, in: Archtectural Review 186 (1989) Sept., p. 42–48.

Stockley Park in London, in: Baumeister 87 (1990) 5, p. 26–35.

Stockley Park. Von der Kiesgrube zum Geschäftspark, in: Architektur und Technik, Schweizer Baufachzeitschrift 15 (1992) 5, p. 19–24.

MARSEILLE

Adams, J.: Hotel du Departement, Marseille, in: AA-files (1990) 20, p. 27–30.

Krämer, K.-H.: Bezirksrathaus in Marseille, Frankreich, in: Rathäuser und Gemeindezentren. Stuttgart, Krämer: 1992, p. 2–3.

Rondement détourné, in: Techniques et Architecture 1 (1994), p. 91–98.

NEWCASTLE

Capitanio, S.; Zallocco, G.: Il viadotto Byker per ferrovia metropolitana di Newcastle, in: L'industria italiana del cemento 53 (1983) 9, p. 533–552.

PARIS

Centre Pompidou. Bibliographie. Stuttgart, IRB-Verlag: 1991.

Centre Pompidou in Paris. Vorschläge für Umbaumaßnahmen, in: Baumeister 81 (1984) 8, p. 78–79.

Centre Pompidou, Paris. Fire control and security, in: RIBA-Journal 85 (1978) 12, 9. 542–543.

Einige Stellungnahmen zum Centre Pompidou, Beaubourg, in: Werk-Archithese (1977) 9, p. 21–29.

Fils, A.: Das Centre Pompidou in Paris. Idee, Baugeschichte, Funktion. München, Moos: 1980.

Fleck, R.: Das Centre Pompidou muß abgerissen werden. Paris – Populärstes Museum Europas in höchster Gefahr, in: Art, Hamburg (1991) 7, p.15.

Le DEFI de Beaubourg, in: Arch. d'aujourd'hui (1977) 189, p. 40–81.

Reina, P.: Centre Pompidou. Another French revolution, in: New Civil Eng. (1986) 229, p. 16–18, and: The Arup Journal 8 (1973) 2.

Le Musée National des Sciences et de l'Industrie au Parc de la Villette, in: Techniques et Architecture (1980) 332.

Museum für Wissenschaft und Technik. Parc de la Villette, Paris, in: Detail 26 (1986) 6, p. 555–566.

Zwei Erfindungen. Museum für Wissenschaft und Technik, Parc de la Villette, Paris, 1986. Die Gewächshäuser und die Oberlichter, in: Werk, Bauen und Wohnen, Zürich 74/41 (1987) 12, p. 50–57.

QATAR

Irace, F.: Università del Qater, in: Domus (1985) 665, p. 1–8.

QUIMPER

Fabrik und Lager in Quimper, in: Baumeister 81 (1984) 1, p. 44–48.

Knobel, L.: Factory, Quimper, Brittany, France, in: Architectural Review 171 (1982) 1020, p. 23–30.

Usine Fleetguard à Quimper, in: Technique et Architecture (1982) 342, p. 119–123.

RAVENSPURN

Jones, H.: Throwing away the rule book, in: New Civil Eng. (1989-07-27), p. 28–30.

Roberts, J.: Concrete advantages in shallow water marginals, in: Offshore Eng. (1989) 9, p. 143–146, and: The Arup Journal 24 (1989) 3.

RUNNYMEDE

Il nuovo ponte sul Tamigi a Runnymede, in: L'industria italiana del cemento 53 (1983) 1, p. 23–40.

Peterson, A.: Die neue Runnymede-Brücke, in: Tiefbau, Ingenieurbau, Straßenbau 24 (1982) 5, p. 311–312.

Smyth, W.: New Runnymede Bridge, England, in: IABSE-Structures C (1981) 16, p. 8–9.

SHAJIAO

A world record set in China, in: New Civil Eng. (1988-10-20) p. 29–30.

Ferguson, H.: Rapid Shajiao seals energy exchange, in: Construction Today (1986) Jul/Aug, p. 40–41.

SINGAPORE

Lenssen, S.: Bold technique brings small return for Singapore bank, in: New Civil Engineer (1986) 156, p. 20–21.

STANSTED

Barrett, N.: Watch this space frame, in: New Civil Eng. (1989) 868, p. 30–33.

Ferrier, J.: Flughafen Stansted, in: Stadtbauwelt (1989) 101, p. 528–533.

Flughafenterminal in Stansted, in: Baumeister 88 (1991) 7, p. 14–23.

Flughafenterminal in Stansted, in: Detail 32 (1992) 3, p. 267–274.

Flughafenterminal Stansted, in: Glasforum 41 (1991) 5, p. 15–28.

Lindley, J.; Reinhold, P.: Stansted Airport, in: Licht 44 (1992) 1, p. 14–16.

London Stansted Airport Terminal, in: Architectural Design 56 (1986) 5, p. 18–27.

Zunz, G.-J., et al.: Design of the structure for the new terminal building at Stansted Airport, in: Struct. Eng. 67 (1989) 8, p. 140–142.

STUTTGART

Colquhoun, A.: Democratic Monument. Neue Staatsgalerie Stuttgart, in: Architectural Review 176 (1984) 1054, p. 18–32.

Doubilet, S.: Stirling in Stuttgart, in: Progressive Architecture 65 (1984) 10, p. 67–85.

Staatsgalerie in Stuttgart, in: DBZ 32 (1984) 5, p. 579–584.

Stirling, J.: The new state gallery, Stuttgart, in: Transactions RIBA 4 (1982) 6, p. 4–11.

SWINDON

Centre Renault à Swindon, in: Techniques et Architecture (1982) 342, p. 104–106.

Davey, P.: Renault Centre Swindon, Wilts. in: Architectural Review 169 (1983) 1037, p. 20–32.

Deslaugiers, F.: Centre Renault à Swindon, in: L'architecture d'aujourd'hui (1983) 228, p. 58–66.

Renault Centre Swindon, Wilt, in: Detail 24 (1984) 4, p. 401–406.

SYDNEY

Benson, D.: Stadium's aesthetic goals attained, in: Journal Instn. of Engs., Australia 59 (1987) 13, p. 24–27.

Jahn, G.: Streched Muscles. Sydney Football Stadium, in: Architectural Record (1991) 6, p. 74–83.

Taylor, J.: Philip Cox's Bicentennial buildings for Sydney, in: Architectural Review 184 (1988) 1100, p. 66–72.

Thompson, P.J. et al.: The Sydney Football Stadium, in: Second National Structural Engineering Conference 1990. Canberra, Institution of Engineers, Australia:1990, p. 416–420.

White, A.-G. : Architecture of the Sydney Opera House. A selected bibliography. Monticello/Ill., Vance Bibliographies: 1982.

Sydney Opera House upgrade. The structure and its maintenance. Seminar papers. Sydney, Instn. of Engineers, Australia: 1991.

Hall, P.: Great planning disasters. London, Weidenfeld and Nicolson: 1980, and: The Arup Journal 8 (1973) 3.

YORK

Brown, C.: York Minster after the fire, in: Structural survey 7 (1989) 3, p. 328–333.

Brown, C.: York Minster restoration. The final chapter, in: Architects' Journal 188 (1988) 47, p. 63–67.

Gosselin, J.: Das Münster in York. Vielfache Hilfe vom Stahl, in: Acier-Stahl-Steel 41 (1976) 9, p. 294–295.

Kemp, R.: Renovierung des Münsters in York, in: Bauwelt 73 (1982) 31/32, p. 1234–1238.

Kemp, R.: The remaking of a minster, in: New Scientist 91 (1981) 1268, p. 534–537.

Pepinster, D.: York Minster restored using traditional skills and materials, in: Building 253 (1988) 7572, p. 10–11.

Bildnachweis

Photographic Sources

t = top / oben, b = bottom / unten, l = left / links,
m = middle / mitte, r = right / rechts

6	Photo: Andrew Holmes
11	Ove Arup & Partners
14, 15	The Architectural Review, Photo: de Burgh Galwey
16	Ove Arup & Partners
17	Photo: Henry Snoek
18	Photo: Robert Häusser
19	Ove Arup & Partners
20 l	Kouo Shang Wei
20 r, 21	Ove Arup & Partners
22 l	Lloyds of London, Photo: Janet Gill
22 r	Ove Arup & Partners, (Chris Wise)
23	Ove Arup & Partners
24	Jane Lidz
25, 26	Ove Arup & Partners
27 l	Michel Denance
27 r	Richard Rogers Partnership
28	Becker, Gewers, Kuhn & Kuhn
30 t, l, b	Renzo Piano Building Workshop Japan
30 r	Ove Arup & Partners
31 t	Renzo Piano Building Workshop Japan
31 b	Ove Arup & Partners, Rory McGowan
32 l, m	Ove Arup & Partners
32 r	Ove Arup & Partners, Rory Mcgowan
33	Renzo Piano Building Workshop
34, 35, 36	Ove Arup & Partners
36 t	Ove Arup & Partners, Jim Fraser
36 b	Sir Norman Foster & Partners
37 t, l	Ove Arup & Partners
37 r	Sir Norman Foster & Partners
38 t	Charlie Stebbings
38 b	Ove Arup & Partners, Guy Channer
39	Arup GmbH, Berlin
40, 41	Ove Arup & Partners
42 t	Kurt Gahler
42 l	Tuchschmid AG
43 t	Richard Brosi
43 l, r	Kurt Gahler
44 t, l	Alsop & Lyall / Alsop & Störmer
44, 45	Ove Arup & Partners, (Photo: Hugh Muirhead)
44 b l	William Alsop
44 b, m, r	Alsop & Lyall / Alsop & Störmer
45 l	Ove Arup & Partners, (Neil Noble)
45 r	Ove Arup & Partners
46 t, m	Olympia 2000 Sportstättenbauten GmbH
46 b	Photo: Michel Denancé
47 t	Ove Arup & Partners
47 b	Olympia 2000 Sportstättenbauten GmbH
48	Ove Arup & Partners
49	Ove Arup & Partners, (Mike Taylor)
50	Ove Arup & Partners
50 b l	Shepherd Bldg Group
51 t l	Ove Arup & Partners
51 b, l r	Ove Arup & Partners, (Peter Ross)
51 t r	Ove Arup & Partners
52/53	Shepherd Bldg Group
54, 55, 56 l	Ove Arup & Partners
56 b l	Ove Arup & Partners, Ken Cole + Ian Staham (after RW Bruhn)
56 r, 57, 58	Ove Arup & Partners
59 t	Ove Arup & Partners, (Harry Sowden)
59 b	Eurotunnel
60 t	Ove Arup & Partners
60 b	Ove Arup & Partners, (Peter Mackinven)
60/61	Ove Arup & Partners
61 t	Ove Arup & Partners, (Peter Mackinven)
61 b, 62	Ove Arup & Partners
63 t	Ove Arup & Partners, Mark Bostock
63 b	Ove Arup & Partners
64 t	Ove Arup & Partners, Rob Wallis
64 b, 65	Ove Arup & Partners, Fred English
66 t	Hamiltons
66 b	Ove Arup & Partners, John Robert
67	Niki Photography
68, 69	Ove Arup & Partners
70 t	Jefferson Air Photography
70 b, 71	Ove Arup & Partners, Peter Mackinven
72 t, b r	Ove Arup & Partners
72 b l	ETW
73	ETW
74 t, l	Ove Arup & Partners
74 b r	Cegb
75 t l	Ian Lambot
75 t r, b l	Ove Arup & Partners
75 b r	JET
76 t l	Ove Arup & Partners
76 t m	Peter Mackinven
76 t r	British Steel
76 b	Jane Richardson
77 l	Ove Arup & Partners, (Raymond Yau)
77 t, b	Ove Arup & Partners
80 l	Ove Arup & Partners, Harry Sowden
80 r	Photo: Photographic Engineering Services
81 l	Ove Arup & Partners (Alistair Lenczner)
81 r	Harry Sowden
82	Ove Arup & Partners
83	Arup Associates Architects+Engineers+Quantity Surveyors
84	Ove Arup & Partners
85	Martin Charles
86	Alsop & Störmer
87	Ove Arup & Partners, (Peter Mackinven)
88	Ove Arup & Partners, (Harry Sowden)
89	Ove Arup & Partners, Photo: Dennis Gilbert
90	John Skalicky
91 l	Ove Arup & Partners, (Harry Sowden)
91 r, 92	Ove Arup & Partners
93	Georges Fessy
94 l	Ove Arup & Partners
94 r	Ove Arup & Partners, (Rob Kinch)
95 l	Ove Arup & Partners
95 r	Ove Arup & Partners, Photo: Richard Bryant
96	Ove Arup & Partners, (Steve Abernethy)
97 l	Future Systems, Photo: Richard Davies
97 r	Ove Arup & Partners, (Peter Mackinven)